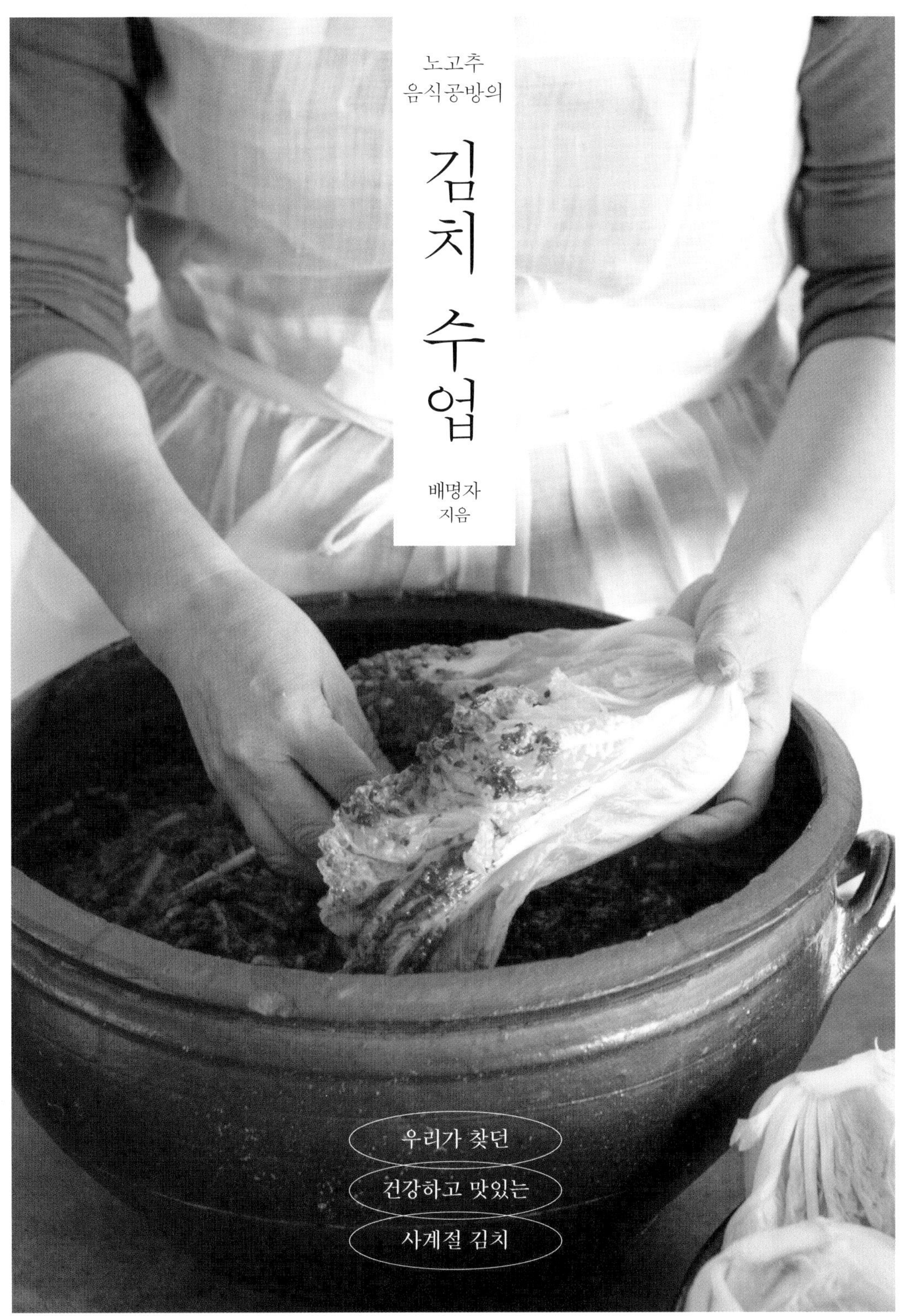

노고추
음식공방의

김치 수업

배명자
지음

상상출판

여는 글

제철에 나는 재료와
4~5년을 묵혀 간수가 다 빠진 천일염
그리고 70년 가까이 살아온 나의 손맛으로
김치를 담근다

2013년『시골 엄마밥』, 2014년『시골 엄마 김치』라는 두 권의 책을 냈습니다. 이후로 해마다 계절별로 이곳 팔공산 노고추 음식공방에서 김치 강좌와 더불어 요리 강좌를 열면서 김치와 요리에 관심을 가진 많은 수강생을 만날 수 있었습니다.

그 수강생들과의 인연은 지금도 이어져 오고 있습니다만, 전국 각지에서 특히 김치에 대해 배우고자 하는 열정 하나만으로 새벽별 보며 출발해 먼 길 마다 않고 달려와 준 수강생들이 고마워서 보답하려고 열심히 강의를 준비하고 또 실제 하는 과정에서 스스로 배우고 깨달은 것이 적지 않았습니다. 그것들에다 수업에서 미처 못다 말한 것을 수강생은 물론 김치에 관심이 있는 모든 분께 전할 수 있는 길을 찾다 보니 그것이 바로 제 요리 블로그로 이어졌습니다.

그렇게 블로그를 운영한 지도 벌써 꽤 시간이 흘렀습니다. 그 사이에 블로그에 쌓인 김치 가짓수도 상당히 됩니다. 지금은 디지털이 지배하는 세상이라 블로그에 들어오면 원하는 김치 종류 담그는 법을 곧바로 참고할 수는 있지만, 그래도 책을 들고 종이의 따뜻한 질감을 느끼며 각자의 손글씨로 메모도 곁들이면서 나만의 레시피를 완성해나가는 것만이야 하겠습니까? 더욱이 블로그를 이용하지 않는 분들께는 책이 김치에 대해 더 깊이 알 수 있는 유일한

수단이겠지요. 그래서 이 『노고추 음식공방의 김치 수업』 책을 펴내기로 하였습니다.

그간 수업을 열심히 들어준 수강생들뿐만 아니라 맛있는 김치를 위해 오늘도 주방에서 열심히 노력하고 있을 모든 분에게 감사하는 마음을 전하며, 모든 분이 김치를 담그면서 각자가 본래 지닌 솜씨를 마음껏 발휘하는 데 이 책이 조금이나마 도움이 되는 재료 역할을 해줬으면 하는 바람입니다.

가을 향기 불어오는 팔공산 자락에서

배 명 자

'노고추'는 직역하자면 '늙고 오래된 송곳'이란 뜻입니다. 이 오래된 송곳은 시간이 지날수록 무뎌지는 것이 아닌, 이것을 사용하는 장인과 함께 세월을 더함으로 단련되고 다듬어져 더 날카로움을 보여줍니다. 이는 노고추 음식공방이 추구하는 장인정신과도 그 뜻이 일맥상통합니다. 신선한 재료에 세월을 더한 우리의 장류와 더불어 그동안의 제 요리 연륜을 더해 더 깊은 요리를 완성하고자 합니다.

목 차

삭힌다 가을 김치와 겨울 김치

담근다 봄 김치

절인다 여름 김치

일 러 두 기

김치 담그는 것은 그리 어려운 일은 아니다. 하지만 김치의 맛을 결정짓는 것은 너무나 다양한 변수들이 있다.

하나, 재료의 특성을 파악한다

배추는 기후나 종류에 따라 절이는 시간이 달라야 한다. 배추가 너무 수분이 많을 경우 오래 절이면 짜지고 절이는 시간을 줄이면 싱겁다. 그래서 배추뿐 아니라 재료의 특성을 잘 파악하고 거기에 맞게 준비해야 한다.

둘, 기후에 맞춰 시간 조절을 잘 한다

김치를 담근 후 숙성시키는 시간을 기후에 맞게 잘 조절해야 한다. 날이 더우면 빨리 맛이 들고 날이 추우면 발효가 더딜 것이다. 이에 맞춰 냉장 보관과 익힐 시기를 가늠해야 한다. 사실 이외에도 김치의 맛을 결정짓는 많은 요소가 있겠지만 공통적으로 필요한 것은 김치에 대한 사랑과 정성이다. 내 식구가 먹을 김치, 겨우내 매끼니 맛있는 반찬이 될 김치를 담그는 데 있어 가장 중요한 요소다. 사랑과 정성이 들어간다면 아무리 잘 못 담근 김치라도 내 식구들에게는 가장 맛있는 김치가 될 것이다.

이 책의 계량법

'김치를 담글 때 계량을 어떻게 해야 쉽게 따라 할 수 있을까?'라고 고민하다가 가장 보편적이고 요리 시 바로 잡을 수 있는 밥숟가락을 기본 계량으로 하였다. 물이나 양이 많은 액체 같은 경우는 계량컵을 사용하였다. 짠맛과 단맛, 매운맛을 내는 재료의 경우 수업을 하면서 축적된 보편적인 입맛을 기준으로 계량을 하였으나 개개인의 입맛의 차이가 있으므로 본인의 입맛에 맞게 가감한다.

소금	1컵(160g), 1큰술(15g)
초피액젓	1컵(240g), 1큰술(10g)
새우젓	1컵(200g), 1큰술(20g)
뻑뻑젓	1컵(220g), 1큰술(10g)
갈치속젓	1컵(220g), 1큰술(6g)
고춧가루	1컵(100g), 1큰술(10g)
찹쌀	1컵(180g)
찹쌀죽	1컵(200g)
매실청	1컵(260g), 1큰술(10g)
다진 마늘	1컵(200g), 1큰술(20g)
다진 생강	1큰술(10g)
들깨가루	1큰술(10g)
통깨	1큰술(5g)

* 이 책에서 사용한 소금은 간수를 뺀 천일염이다.
* 건더기가 있는 젓갈과 국물만 있는 젓갈은 무게가 다르다.

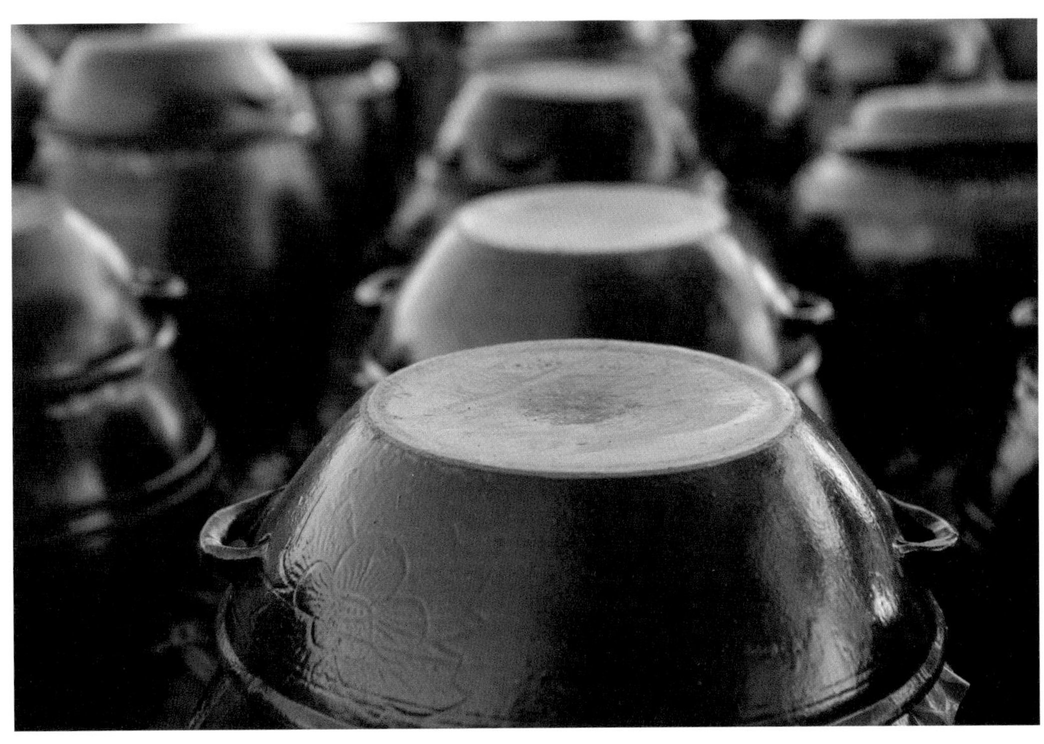

비밀 요리 수첩

노고추 음식공방의 김치는 텃밭에서 난 제철 재료에 직접 담가
항아리에서 숙성시킨 액젓과 간수를 뺀 천일염, 설탕 대신 배즙이나
매실청 등을 넣어 담급니다. 사계절 자연의 순리대로 살면서 얻은
귀한 양념과 재료의 맛을 살리는 요리 비법을 소개합니다.

김치 명인에게 배우는 비밀 재료

노고추 음식공방의 김치를 맛본 이들은 김치 맛이 깊으면서도 깔끔한 이유를 궁금해 합니다. "좋은 재료로 정성껏 담가 잘 익히면 됩니다."라고 답하지만, 대개는 믿지 못하겠다는 반응을 보입니다. '무언가 특별한 비법이 있을 테니 좀 알려 주세요'라는 마음이 보입니다.

김치 강의를 하다가 재미있는 걸 알게 되었는데, 수강생들이 찾아낸 노고추 김치의 맛의 비밀은 초피액젓과 맛국물이었습니다. 생멸치에 초피 잎을 넣어 숙성시킨 초피액젓은 담백하고 감칠맛을 냅니다. 또 다시마와 멸치, 표고버섯으로 맛을 낸 맛국물은 화학조미료 대신 자연에서 얻은 감칠맛입니다.

김치 맛의 숨은 양념, 초피액젓

생멸치를 담글 때 초피 잎을 넣으면 숙성이 되면서 멸치의 비린 맛과 향, 초피의 강한 향이 사라지며 담백하고 감칠맛이 생긴다. 초피 잎이 나는 시기는 4~5월이므로 초피액젓도 이때 담가야 한다. 생멸치를 소금에 버무려 초피 잎과 섞고 항아리에 담아 입구를 한지로 밀봉하여 1년 이상 숙성시킨다.

초피 이야기

초피 잎은 향이 강하게 난다. 초피나무 옆을 지나가기만 해도 향이 나서 눈에 보이지 않아도 초피나무가 근처에 있다는 것을 알게 된다. 우리나라 남부지방의 깊은 산 낮은 계곡가에서 자라는데 잎사귀가 손톱만 하고 만지면 독특한 냄새가 나는 나무가 바로 초피나무이다. 6~7월에 꽃이 피고 푸른색의 열매를 맺는데 시간이 갈수록 붉은색으로 변해서 8~9월쯤이면 갈색으로 변한다. 열매가 익으면 양쪽으로 갈라져 검은 씨가 생긴다. 씨는 빼고 껍질을 말려 곱게 갈아서 요리에 쓴다.

톡 쏘는 매운맛과 강한 향을 지닌 초피 열매를 다른 음식에 가미하면 음식 맛을 살리고 입맛을 당긴다. 초피의 어린잎은 장아찌를 담그거나 전을 부쳐 먹기도 하고 매운탕, 김치 등 여러 요리에도 쓰인다.

초피나무는 해독 작용을 하며 질병 예방에도 효능이 있다고 한다. 초피를 오래 복용하면 몸속이 따뜻해지고 얼굴빛이 좋아지며 여름에는 더위를 타지 않고 겨울에는 추위를 타지 않는다고 한다. 김치에 넣어 먹으면 매콤한 맛을 낼 뿐만 아니라 김치가 빨리 쉬지 않도록 해주는 천연 방부제 역할을 하기도 하다.

산초 이야기

산초는 주로 산중턱 산골짜기에서 많이 자생하고 있으나 요즘은 묘목이 있어 화분에도 많이 심는다. 잎은 푸르고 향이 없으며 잎 가장자리에 톱니가 많다. 독성이 있어 잎은 먹지 않고 열매를 익기 전에 따 장아찌를 담가 먹는다. 톡 쏘는 매운맛과 향이 나는 산초는 입안에 아린 맛과 향이 오래 남는다. 산초 열매의 검은 씨는 기름을 짜 기름진 요리에 사용하며 불가에서는 약용이나 향신료로 많이 쓴다. 산초는 소화불량, 설사, 신경쇠약, 기침, 구충 등을 완화한다.

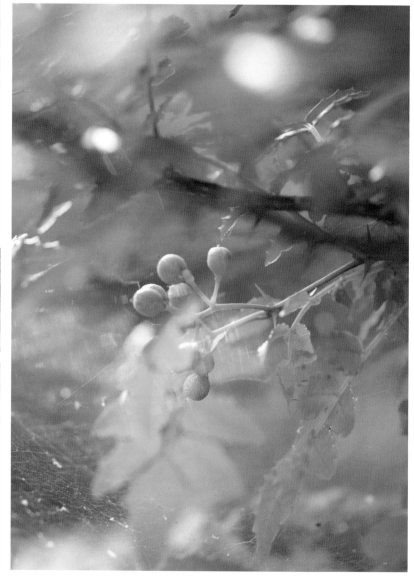

Special Tip
비슷한 듯 다른 초피와 산초
초피와 산초는 다르다. 하지만 나무나 잎 모양이 비슷하게 생겨 육안으로 구분하기에는 어렵다.

초피와 산초의 차이점

나무와 잎 모양이 비슷하게 생겨 육안으로는 구분하기 어렵다. 초피나무는 잎의 가시가 대칭으로 나는 반면, 산초나무 잎의 가시는 어긋나게 난다. 초피의 향은 멀리서도 알 수 있을 만큼 강하나 산초나무는 향이 없다. 초피 열매의 색은 익으면 갈색으로 변하고 산초 열매는 초록빛을 띤 갈색이나 붉은색으로 변한다.

김치 맛의 숨은 양념, 맛국물

김치를 담그거나 요리를 할 때 천연의 감칠맛을 내기 위해 끓여 사용하는 것이 맛국물이다. 다시마, 멸치, 표고버섯을 우려내 맛을 뽑은 맛국물은 화학조미료 대신 자연에서 얻는 감칠맛이다. 맛 좋은 맛국물을 만들기 위해서는 좋은 다시마, 멸치, 표고버섯, 조기, 보리새우를 준비해야 한다.

① 기본 맛국물 끓이기

맛국물은 곰솥에 물 3ℓ와 다시마 50g, 멸치 50g, 마른 표고버섯 50g을 넣어 불에 올린다. 끓기 시작하면 바로 불을 끄고 식으면 체에 걸러 국물만 사용한다.

② 조기 맛국물 끓이기

냄비에 어린 조기 600g과 맛국물 4컵을 넣고 끓인다. 중간 불로 30분 정도 삶아 식힌 후 믹서에 곱게 간다.

③ 보리새우 맛국물 끓이기

보리새우 400g은 냄비에 맛국물 2컵과 함께 넣고 중간 불로 삶는다. 삶은 보리새우를 식힌 후 믹서에 곱게 간다.

④ 찹쌀죽 끓이기

찹쌀죽은 찹쌀 100g을 물에 3시간 정도 불려 맛국물 7컵을 넣고 주걱으로 저어가며 끓여 끓기 시작하면 중간 불로 20분 정도 끓인다.

김치 명인이 들려주는 김치 재료 이야기

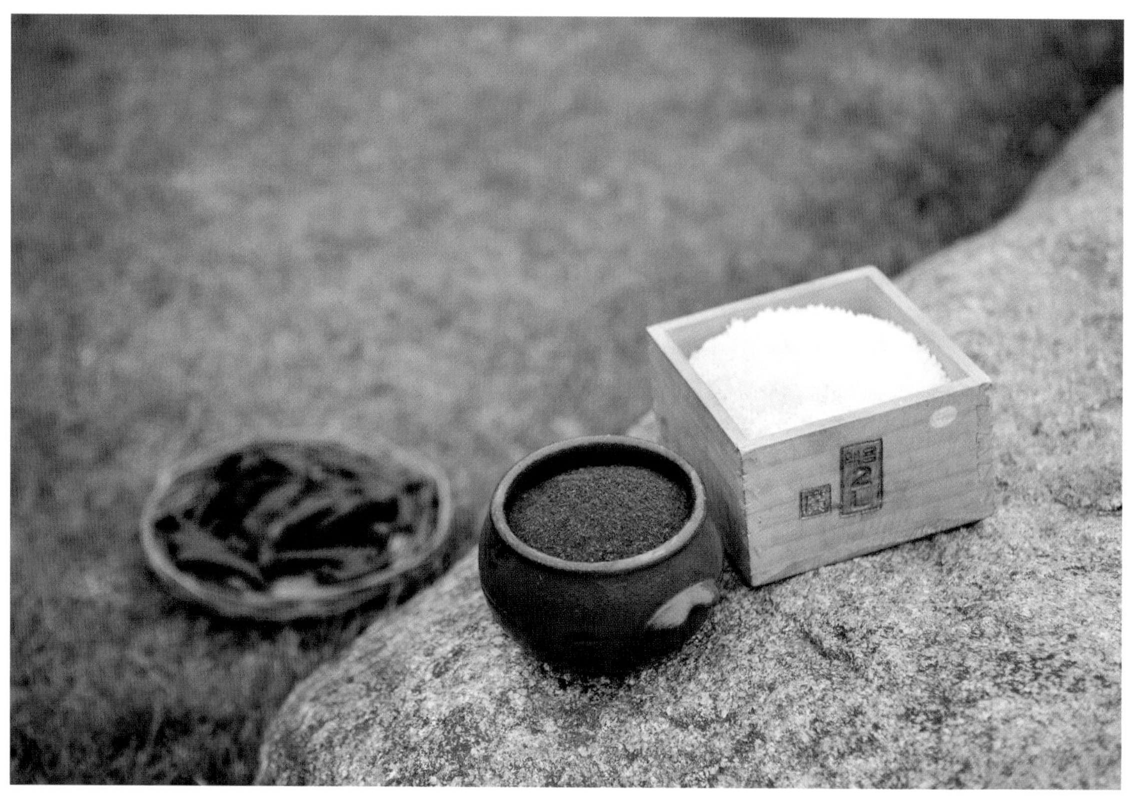

넉넉하게 담가 이웃들과 함께 맛보는 일이 즐거워

자주 김치를 담가 나눠 먹다가

이제는 김치 명인이 된 시골 엄마가 즐겨 쓰는 재료와

꼭 소개하고 싶은 특별한 재료를 귀띔합니다.

재료마다 특색 있는 김치 재료

우리가 흔히 알고 있는 배추, 무, 열무 등의 단골 김치 재료부터 청방배추, 콜라비, 가죽, 돼지감자, 고들빼기 등 김치 명인이 즐겨 쓰거나 색다른 김치 재료로 찾아낸 갖가지 재료가 품은 맛깔스런 이야기이다.

배추 팔공산 자락에 위치한 집 뒤의 텃밭에 해마다 김장배추를 심어 농약이나 비료를 치지 않고 키우는데 크기도 작고 못생겼지만 일교차가 심하기 때문인지 맛은 참 좋다. 그렇지만 대식구 살림에 이웃들과 김치를 담가 나눠 먹는 일을 즐기다 보니 텃밭에서 난 배추만으로는 김장김치를 담그기에 턱없이 부족하다. 아는 사람의 배추밭에서 구해 오기도 하고 재래시장에 나가 배추를 골라 오기도 하며 배추 보는 노하우가 쌓였다. 가을에 나는 배추는 다른 계절에 나는 배추보다 오래 저장할 수 있지만 여름에 나는 배추는 수분이 많아 오래가지 않는다. 배추를 고를 때는 뿌리 부분이 작고 줄기가 두껍지 않으며 길이가 짧고 들어보았을 때 묵직한 것이 좋다. 또 배추를 반으로 잘라 속이 노란색이 돌고 꽉 차 있는 것이 상품이다.

얼갈이배추 겉절이로 많이 먹는 얼갈이배추는 줄기가 부드럽고 잎이 좁으며 수분 함량이 높아 시원한 맛과 감칠맛이 좋다. 장마철이나 겨울이 아니면 언제든 재배가 가능한 텃밭 채소다. 얼갈이는 떡잎이 적고 줄기는 흰색을 띠며 잎은 푸른 연두색이 나는 것이 좋다.

청방배추 얼갈이배추와 청방배추는 구분하기 어려워 같이 부르는 사람들도 간혹 있지만 엄연히 다르다. 얼갈이배추와 청방배추는 씨앗이 각각이다. 어릴 때는 눈으로 보아 얼갈이배추인지, 청방배추인지 구분이 어렵지만 성장을 하면서 모양이 달라진다. 청방배추는 얼갈이배추에 비해 길이가 짧고 단단하고 통통하며 노랗게 속이 찬다. 수분이 적어 고소한 맛이 나고 감칠맛이 좋다. 길이가 짧고 단단하며 잎이 푸른색으로 고른다.

무

다른 재료와 조화를 잘 이루고 소화 흡수를 돕는 친근한 채소다. 무는 요리에 따라 모양과 크기가 다른 것을 고르는 것이 좋다. 동치미 무는 작고 동글동글하며 무청이 달린 것이 좋고, 깍두기용으로는 밑이 퍼지고 둥글고 단단한 재래종이 좋다. 긴 무는 수분이 많아 나물이나 생채용으로 좋다. 김치 소로 넣는 것은 맵고 단맛이 나는 것이 좋다. 무는 묵직하고 매끈하며 윤기가 나고 윗부분은 푸른색이 많은 것이 단맛이 많다. 무는 땅 밖으로 나온 초록 부분과 땅속에 묻힌 흰 부분으로 나눈다. 흰색 부분은 매운맛이 강해서 익혀 먹으면 좋고 초록 부분은 단맛이 좋아 날로 무쳐 먹기에 좋다. 무를 살 때는 황토가 묻어 있는 황토밭에서 자란 것을 고르도록 한다.

알타리

알타리는 1년 내내 구입할 수 있지만 비닐하우스에서 재배한 것보다 황토밭 노지에서 나오는 늦가을 알타리가 더 맛있다. 모양에 따라 '총각무', '알타리', '달랑이' 등으로 나뉘고 지방에 따라 부르는 이름이 다르다. 총각무는 옛날 총각의 댕기머리 같다 하여 '총각무', 알타리는 알처럼 생겼다 하여 '알타리', 달랑이는 조그만 것이 동그랗게 달랑거린다 하여 '달랑이'로 불린다. 김치를 담그는 알타리는 작고 단단하며 껍질이 얇고 표면이 매끈하고 무청이 부드러운 것이 좋다. 알타리는 익히면 감칠맛이 난다. 뻭뻭젓으로 담그면 처음에는 비린내가 나지만 익으면 깊은 감칠맛이 난다.

오이

오이는 종류가 다양하다. 조선오이(재래종), 가시오이, 청오이 등이 있다. 조선오이는 크기가 작고 색깔이 연하며 씨가 적은 것이 특징이다. 가시오이는 색깔이 푸르며 표면은 까칠까칠하다. 청오이는 짙은 청색이며 표면이 매끈하다. 오이는 굵기가 위아래가 같고 흠이 없는 것이 좋다.

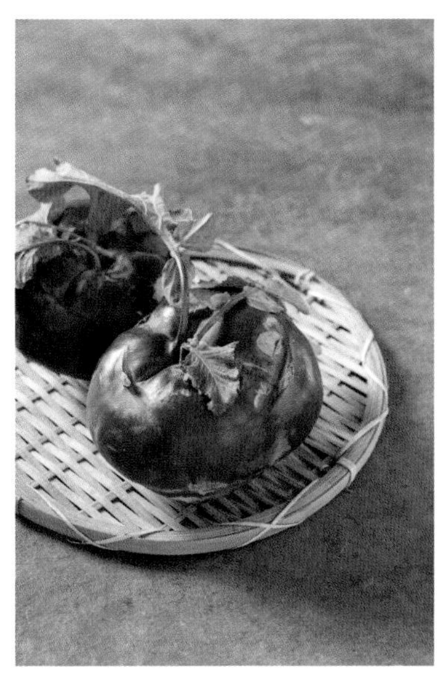

콜라비

콜라비는 순무와 양배추를 교배한 채소로 퍼플 콜라비와 그린 콜라비가 있다. 잎은 케일 잎과 비슷하게 생겨 쌈채소나 녹즙으로 이용한다. 단맛이 있고 아삭한데 흡사 배추 뿌리 맛과 비슷하다. 시장이나 마트에 가면 쉽게 구입할 수 있으나 잘못 사면 속에 심이 있고 구멍이 나 있는 경우도 있다. 겉모양이 둥글고 색이 선명하며 흠이 없는 것으로 고른다.

열무

열무는 너무 자라면 줄기가 질겨 맛이 없으니 연둣빛이 돌면서 통통한 것을 고른다. 열무의 뿌리는 작고 가늘지만 줄기는 굵고 푸른 잎이 많아 봄부터 여름 내내 김칫거리로 가장 많이 이용된다. 열무김치는 국물 없이 담가 보리밥에 비벼 먹거나 비빔국수에 채소와 함께 넣어 먹으면 시들한 입맛을 깨우는 데 매우 좋다. 씻을 때 세게 문지르면 풋내가 나니 흐르는 물에 살살 흔들어 씻는다.

양배추

양배추는 적색 양배추와 양배추가 있다. 적색 양배추는 양배추보다 크기가 조금 작고 오래 보관할 수 있다. 양배추는 싱싱하고 둥글며 겉잎은 짙은 녹색으로 손으로 들어보았을 때 묵직한 것이 좋다. 반으로 잘라 판매하는 것은 속이 구불구불하지 않고 가지런한 것으로 고른다. 한여름에 배추김치가 맛이 없을 때 배추 대신 양배추로 김치를 담그면 새로운 맛을 즐길 수 있다.

청경채

어느 해인가 텃밭에 청경채 씨를 파종을 했더니 잘 자랐다. 청경채로만 요리한 것을 먹어본 적이 없어서 요리법을 찾던 중 먹어보니 줄기가 아삭아삭하여 열무와 비슷한 느낌이 났다. 그래서 김치를 담갔더니 아삭하고 시원한 맛이 살아 있었다.
청경채는 줄기가 도톰하고 연두색이며 잎은 연녹색을 띠는 것이 좋다.

가지

찬 성질을 지녀 여름에 더위로 기운이 없거나 몸에 열이 많이 날 때 먹으면 열기를 가라앉히는 데 도움이 된다. 몸의 콜레스테롤을 낮춰주는 역할도 한다고 한다. 표면에 흠집이 있거나 윤기가 없으며 갈색이나 옅은 보랏빛이 나는 것은 좋지 않다.
좋은 가지는 꼭지 부분의 가시가 날카롭고 만졌을 때 단단하고 매끈하며 색깔은 짙은 보라색을 띠며 광택이 난다.

갓

갓은 '홍갓', '적갓', '청갓', '돌산갓' 등이 있다. 홍갓은 매운맛이 있고 향이 진해 배추김치나 깍두기, 물김치에 색을 내는데 사용하면 붉은색을 낸다.
청갓은 동치미나 매운맛을 싫어하는 사람들이 먹는 음식에 이용한다. 돌산갓은 줄기가 굵고 키가 큰데 여수에서 많이 나온다.
좋은 갓은 줄기가 연하며 잎 안쪽에 까슬까슬한 부분이 살아 있고 싱싱하다.

상추

어릴 적에 엄마가 들려준 이야기는 상추쌈을 어른들 앞에서는 먹지 못한다는 이야기였다. 쌈을 먹으려면 입을 크게 벌려야 하고 입을 크게 벌리면 덩달아 눈도 크게 떠진다. 예의가 없다는 뜻도 있겠지만 시어머님 앞에서는 눈을 흘긴다는 오해를 할 수도 있다는 말씀도 해주셨다.
상추는 색깔도 모양도 이름도 다양하다. 일반적으로 많이 먹는 것은 '적상추'와 '청상추' 두 가지다. 상추를 꺾어보면 우윳빛 진액이 나온다. 쌉싸래한 맛의 상추는 소화를 돕고 잠을 오게 하며 혈액순환과 피로 회복에도 좋은 식품으로 알려져 있다.
김치를 담글 때는 대가 굵고 잎이 억센 것이 좋다.

깻잎

잎만 따서 먹는 깻잎이 있고 열매를 먹는 깻잎이 있다.
이 열매를 먹는 깻잎은 열매가 익으면 들깨가 된다. 잎만 먹는 깻잎은 연하고 부드럽지만 열매를 먹는 깻잎에 비해 향은 적다.
깻잎을 고를 때는 중간 크기에 옅은 녹색을 띠며 반점이 없고 깨끗한 잎을 고른다. 잎이 크면 질기고 맛이 없다.

비트

비트는 '화염채', '공근채', '홍두채'라고도 한다. 어느 해 봄 별 기대 없이 파종을 하였는데 잘 자라주어 비트 잎 요리를 연구하게 되었다. 비트 잎을 이용해 물김치를 담그면 특유의 단맛과 시원하며 상큼한 맛이 난다.
그 후 해마다 비트를 파종하여 쌈채로 이용하기도 하고 겉절이를 담그기도 하며 샐러드도 만든다.
비트 잎은 너무 크지도 않고 부드러우며 시들지 않은 것이 좋다. 뿌리를 사용할 때는 껍질이 투박하지 않으며 절반을 잘라보아 색이 선명하고 층을 이루고 있는 것이 좋다.

감자

보통 우리가 시장에서 사 먹는 감자는 껍질이 누렇고 속은 우윳빛인 '흰색 감자'가 일반적이다. 요즘은 '자색 감자'도 쉽게 볼 수 있다. 자색감자는 흰색 감자에 비해 눈이 많고 아린 맛이 강하다. '분홍 감자'는 껍질이 분홍색이고 둥글납작하여 찌면 겉모습은 마치 고구마와 비슷하다. 감자는 봄에 먼저 땅에 심는 작물이고 가장 먼저 수확하는 작물이다. 하지(6월 22일)경에 수확하는 감자가 맛있다. 좋은 감자는 둥글고 단단하고 윤기가 나며 묵직한 것이 좋다. 너무 크거나 작은 것보다는 중간 크기가 좋다. 색이 진하거나 푸르스름하거나 쭈글쭈글하거나 싹이 나는 감자는 피하는 것이 좋다.

고구마

고구마는 '밤고구마', '호박 고구마', '자색 고구마' 등이 있다.
자색 고구마는 영조 때 일본 통신사로 갔던 조엄이 고구마가 구황식량이 될 것으로 판단하고 대마도에서 유입하였다고 전해진다. 자색 고구마는 속은 자색이며 단맛이 적다. 7~8년 전에 시골 친척분에게 자색 고구마를 한 상자 받은 적이 있다. 고맙다고 전화를 했더니, 자색 고구마가 너무 맛이 없으니 요리를 한번 해보라고 하셨다. 김치를 담그기도 하고 갈아서 전을 부치기도 했다.
자색 고구마는 냉장고에 보관하면 안 된다. 바구니나 채반에 담아 베란다나 그늘에 둔다. 밤고구마는 수분이 적으며 밤 맛이 난다.
호박 고구마는 속이 호박처럼 노란색이며 단맛이 난다.
물고구마는 수분이 많다.
좋은 고구마는 단단하며 윤기가 나고 단맛이 나는 것이다.

돼지감자

'뚱딴지'라고도 부르는 돼지감자는 뿌리의 모양이 노랗고 예쁜 꽃과는 달리 울퉁불퉁하게 생겼다. 들과 산에서 손쉽게 찾을 수 있다. 돼지감자는 다년생으로 해마다 그 자리에서 싹이 난다. 봄에 싹이 나고 여름이면 줄기가 한창이다. 가을이면 노란 꽃이 피고 서리가 내리면 잎과 줄기는 마른다. 이때가 돼지감자의 수확 시기이다. 단맛이 있고 섬유질이 풍부하며 아삭아삭한 식감이 좋아 생으로도 먹고 장아찌를 담가 먹기도 한다. 돼지감자는 단단하고 상처가 없는 것으로 고른다. 썰어 말린 후 살짝 볶아서 물에 넣고 끓여 마셔도 좋다.

배추 뿌리

배추 뿌리는 조선배추의 밑동을 말한다. 배추 뿌리라 하면 연세 드신 분들에게는 추억이 샘솟는 단어이다. 요즘 세대에게는 믿기 힘든 이야기지만 먹을 것이 귀하던 시절 배추 뿌리는 곧 양식이기도 했다. 배추 뿌리는 단맛과 고소한 맛이 있으며 단단하고 아삭한 식감이 좋다. 늦가을부터 봄까지 시장에 가면 쉽게 구할 수 있다.

고들빼기

어릴 적에 엄마가 과수원 나무 밑에서 고들빼기를 캐 오셔서 요리를 만들어 주던 기억이 난다. 심지 않아도 나는 고들빼기를 한 바구니 정도 캐 손질하다 보면 진액이 나와 엄마 손은 금방 얼룩 묻은 손이 되었다. 지금은 제초제를 많이 쳐 야생 고들빼기를 구하기 어렵지만 재배를 해 시장에 가면 손쉽게 구할 수 있다. 고들빼기는 잎이 까슬까슬하고 윤기가 나며 뿌리는 굵은 것으로 고른다.

두릅

봄철이 가까워지면 입맛을 돋울 새로운 음식을 찾게 마련이다. 두릅은 땅에서 나는 '땅두릅'과 나무에서 나는 일반 두릅이 있다. 이 둘은 생김새와 색깔, 향이 다르다. 두릅나무 끝에서 자라는 새순을 따 김치를 담그면 쌉싸래한 맛이 봄철 입맛을 돋운다.
좋은 두릅은 길이가 짧고 줄기가 통통하며 잎이 피지 않은 것이다.

뽕잎

예전 양잠이 한창 유행하던 1960~70년대에는 누에고치의 먹이가 되는 뽕나무를 많이 심었다. 그리하여 요즘은 야산이나 들에서 뽕나무를 쉽게 발견할 수 있다. 내가 살고 있는 동네에도 뒷산뿐만 아니라 집 한 켠에서도 뽕나무를 만날 수 있다.
뽕나무는 뿌리부터 줄기, 잎, 열매, 나무까지 약재뿐만 아니라 요리에도 많이 쓰인다. 줄기를 꺾어보면 우윳빛 진액을 볼 수 있는데 진액은 위장에 좋은 것으로 알려져 있다. 뽕나무 잎은 순하고 독성이 없어 연한 잎을 따다 김치를 담가 식사 때마다 꺼내 먹으면 마치 약을 먹는 것 같다.

가죽

참죽이라 불리는 가죽은 씹으면 씹을수록 향긋하다. 붉은빛이 도는 가죽나무의 새순은 봄의 별미다. 가죽순은 '옻순', '음나무순'과 더불어 '봄의 별미 삼대순'으로 꼽힌다. 가죽나무의 새순은 부각, 장아찌, 무침, 전 등 여러 가지로 요리해 먹을 수 있다. 연한 잎은 생으로도 먹고 줄기는 말려 맛국물을 만들 때도 쓴다. 뿌리와 껍질은 민간에서는 약으로 썼고 목재는 가구나 농기구의 재료로 사용한다.
좋은 가죽순은 길이가 짧고 통통하며 잎은 크지 않은 것이 좋다. 만져보아 부드럽고 연한 것이 좋다.

방풍

방풍은 '풍을 막아준다' 하여 붙여진 이름이다. 쌉싸래한 맛과 단맛, 은은한 향이 있어 장아찌, 전, 나물 등 여러 가지 요리에 쓰인다. 뿌리는 약용으로 쓰거나 술을 담근다.

방풍은 재배한 방풍과 야생 방풍이 있다. 맛과 향기는 비슷하지만 모양은 조금 다르다. 야생 방풍은 줄기가 붉은빛을 띠며 잎은 작고 쓴맛이 강하다. 재배 방풍은 줄기가 굵고 잎도 크다.

연근

불교에서는 연꽃을 신성시한다. 부처님이 앉아 계신 곳을 연꽃 모양으로 수를 놓는데 이를 '연화좌'라고 한다. 꽃의 색이 곱고 깨끗해 꽃말도 '청결', '아름다움', '신성'이다. 연꽃의 뿌리인 연근은 성질이 따뜻하고 독이 없어 먹거리뿐만 아니라 약재로도 쓰인다.

조선시대 유학자인 율곡 선생은 어머니 신사임당을 여의고 실의에 빠져 건강이 많이 나빠졌었는데 연근죽을 먹고 기력을 회복했다고 한다. 연근은 껍질에 상처가 없고 묵직하며 양쪽 끝보다 중간 부위가 통통한 것이 좋다.

우엉

우엉이 건강에 좋다는 방송에 갑자기 우엉 값이 많이 오른 적이 있다. 모든 뿌리 음식은 건강을 유지하는 데 도움이 된다. 보통 우엉은 칼등으로 싹싹 긁어내기도 하지만 우엉 특유의 맛과 향은 껍질에 있어 수세미나 양파주머니를 이용해 문질러 씻고 상처나 지저분한 부분만 칼로 손질한다.

우엉은 대가 곧고 가늘며 굵기가 균일한 것을 고른다. 너무 굵은 것은 속에 바람이 들어 있을 수 있고 수입산일 가능성이 크다.

도라지

여름에 산에 가면 간혹 도라지꽃을 구경할 수 있는데 이것을 '야생 산도라지'라 한다. 도라지는 우리나라 전역에서 재배가 가능하며 지역에 따라 3~4월이나 10~11월에 파종을 한다. '약도라지', '나물도라지', '장생도라지' 등 부르는 이름도 다양하다. 나물도라지는 2~3년 된 것으로 잔뿌리가 작고 매끈하며 쓴맛은 덜하다. 5~6년이 지나면 약도라지라 하고 10년이 지나면 장생도라지라 부른다. 도라지 나이를 아는 방법을 귀띔하면 도라지는 새순이 나온 자리에는 그 이듬해에는 새순이 나오지 않는다. 그해 나온 자리에는 흉터가 남는다.

오래된 약도라지는 제사를 모실 때나 식구가 감기에 들었을 때, 지인들이 찾아와 닭을 삶을 때 이용한다. 어떤 분들은 3년이 지난 도라지는 옮겨 심어야 된다는데 잡풀만 뽑아주면 거름을 하지 않고 옮겨 심지 않아도 썩지 않고 봄이면 새순이 나고 6~7월이면 꽃이 피고 가을이면 열매를 맺는다.

도라지꽃은 보라색이나 흰색이 피는데 옛날 어른들은 '흰 꽃이 피는 백도라지가 더 좋다'고 말씀하셨다.

늙은 호박

늙은 호박은 노화 방지, 피로 회복, 출산 후 부기를 빼는 데 도움이 된다. 옛날 어머니들은 딸이나 며느리의 출산이 임박하면 크고 잘 익은 늙은 호박을 구해 두었다가 중탕을 해 먹였다고 한다. 겉과 속이 잘 익은 호박은 체질과 상관없이 누구나 먹어도 이로운 식품이다.

달콤하고 시원한 맛을 주는 늙은 호박을 찹쌀과 함께 죽을 쑤어 김치 담을 때 사용하면 여러 재료들과 조화로운 맛을 만들어 낸다. 30년 전 서울의 어느 사찰에 계시는 스님에게 늙은 호박으로 김치 담그는 법을 배웠다. 그 이후 가을이면 늙은 호박김치를 담가 주위분들에게 나누어 드렸더니 맛있다는 말씀을 하셨다.

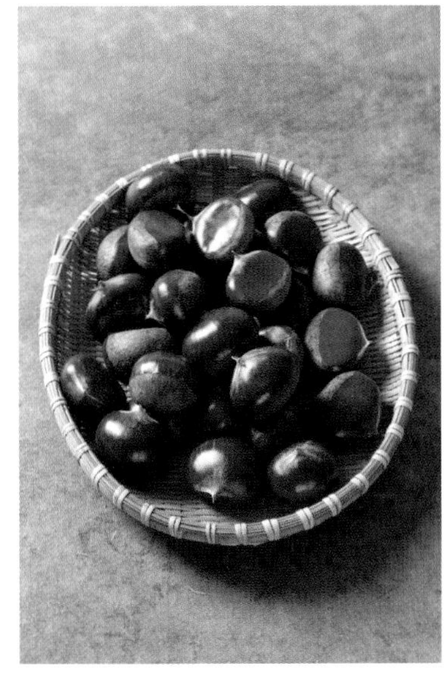

대추

'탱글탱글한 대추를 보고 먹지 않고 지나치면 늙는다'는 말이 있다. 한 가지에서도 올망졸망 많이 열리는 대추는 예부터 자손의 번창을 의미하며 제사상이나 돌상, 폐백 음식에 사용된다.

대추는 효능도 수십 가지, 요리도 수십 가지가 있다. 단맛이 있고 독이 없어 모든 약재와 잘 어우러져 한약 재료에도 많이 쓰인다. 말린 대추를 삶아 김치를 담그면 단맛이 발효를 도와 탄산음료 같은 시원한 맛을 오래 유지시킨다.

대추를 고를 때는 붉은색이 선명하며 과육이 많은 것이 좋다.

밤

"군밤 사려!" 겨울철 군밤 장수가 파는 밤은 겨울 야식만의 독특한 풍미를 자아낸다. 어릴 적 부엌 아궁이에 밤을 넣어 놓고 기다리며 톡톡 터지는 소리에 꺼내 먹던 군밤의 맛을 떠올리면 지금도 군침이 돈다.

영양분이 많은 알밤으로 김치를 담가 식사할 때 몇 개씩 먹으면 건강에 도움이 된다. 또 밤은 폐백이나 제례상에 빠지지 않는 재료다. 밤송이를 보면 알이 두 쪽인 것과 세 쪽인 것이 있다. 제례상에 올리는 밤은 두 쪽짜리 밤만 쓴다. 이유는 좌상과 우상을 뜻한다. 대추는 씨가 하나여서 임금을 뜻하고 배는 육조판서를 뜻해 제례에는 빠지지 않는다.

밤은 알이 굵고 도톰하며 윤이 나는 갈색으로 고른다.

감

봄에 감나무에서 새잎이 나면 어리고 고운 잎을 따다가 감잎차를 만들어 두고 마신다. 가을이 오면 집 뒤 감나무에 주황색 감이 주렁주렁 달린다. 금방 찬바람이 불고 서리가 내리기 시작하면 감을 따 홍시를 만든다. 항아리 속이나 박스에 볏짚과 감을 켜켜이 넣어 그늘에 보관하면 홍시가 된다. 하지만 성급한 마음에 몇 번이고 홍시가 되었는지 확인하고 먼저 홍시가 된 감이 있으면 먼저 맛보는 그 맛을 어디에 비할까? 잘 익은 홍시로 식초를 담그면 탄산음료인 사이다보다 톡 쏘는 맛이 좋다. 홍시를 김치에 넣으면 단맛과 시원한 맛 그리고 청량감을 준다.

석류

석류는 경국지색의 양귀비와 클레오파트라가 즐겨 먹을 정도로 전 세계적으로 오래도록 경작한 작물이다. 이렇듯 인류 문명의 역사와 함께한 석류는 그 모양과 효능 때문에 '다산', '풍요', '부활'의 상징으로 여겨졌다. 석류가 최근 주목을 받게 된 것은 페르시아 만 주위의 중년 여성들이 다른 지역 여성들보다 갱년기를 가볍게 경험한다고 알려지면서부터이다. 석류는 선명한 붉은색을 고른다. 껍질이 단단하고 상처가 없는 것이 좋으며 무거울수록 과즙이 풍부하다.

풋고추

풋고추의 종류는 다양하다. 크고 껍질이 연한 '오이고추', 길이가 작고 통통하며 아삭아삭한 '아삭이 고추', 작고 단단하며 매운맛이 나는 '청양고추', 일반적으로 고춧가루를 만드는 고추는 '토종'이라고 한다.

고추를 고를 때는 윤기가 나고 꼭지가 싱싱한 것이 좋다. 고추의 껍질에서 윤기가 나며 껍질이 두툼한 것을 고른다. 또 만졌을 때 단단한 것이 더 맵다.

당근

당근은 암을 예방하고 세포의 산화를 억제하는 역할을 한다. 당근은 베타카로틴을 몸속에서 비타민으로 바꿔 채식주의자들에게 좋은 음식이다. 당근을 고를 때는 윤기가 나고 손으로 잡았을 때 묵직한 느낌이 드는 것이 좋다. 색깔은 주황색을 띠며 너무 크지 않은 것이 좋다. 지나치게 큰 것은 속이 비어 있을 수도 있다.

묘삼

묘삼은 인삼의 일년생으로 파종을 해 1년이 지나면 나오는 모종이다. 묘삼을 심어 5년이 지나면 5년근 인삼이 된다. 인삼으로 유명한 금산에 가면 인삼시장이 있는데 인삼과 귀여운 묘삼을 구할 수 있다. 육안으로 보아 뿌리가 마르지 않고 싱싱한 것을 고른다.

쇠비름

'오행초', '장명채', '마치채' 등 여러 이름이 있다. 잎은 푸른색, 뿌리는 흰색, 줄기는 붉은색, 꽃은 노란색, 씨는 검은색이 있어 붙여진 이름이 '오행초'이다. 먹으면 오래 산다 하여 '장명채', 잎이 말의 이빨을 닮았다 하여 '마치채'라고 불린다. 쇠비름은 잎이 도톰하고 푸르며 줄기는 통실통실하며 윤기가 나는 것이 연하다. 꽃이 피면 질기다.

아카시아꽃

아카시아꽃은 진달래와 함께 먹는 꽃으로 알려져 있다. 야산이나 산 계곡에서 많이 볼 수 있는 아카시아꽃은 달콤한 꿀맛과 함께 우리 몸에 필요한 영양분도 함유하고 있다. 5~6월이면 산과 들에서 아카시아 향기가 난다. 싱싱한 꽃은 꽃잎이 한두 개 정도 벌어질 때인데 이때 향기도 강하다. 봉오리가 활짝 핀 꽃은 향기가 덜하다.

아카시아꽃으로 물김치를 담글 때는 꽃잎이 한두 개 벌어진 것을 고른다.

기본양념과 부재료

양념은 음식에 따라 적당히 혼합하여 맛과 향을 내는 데 사용한다. 우리 선조들은 양념을 사용할 때 약을 다루듯이 부족하지도, 지나치지도 않도록 유의했다. 소금, 고춧가루, 마늘, 생강, 부추, 파, 양파, 청각 등 맛과 향을 내며 약처럼 몸에 이로움을 주는 기본양념과 젓갈 등을 살펴본다.

①
발효의 묘미, 소금과 젓갈

신선한 생선을 천일염으로 염장하여 자연적으로 시간을 두고 발효시켜 만든 자연의 선물이다.

소금

고향이 충청남도 부여인 남편 덕분에 시댁에 갈 일이 있으면 시댁에서 조금만 더 가면 있는 염전에 들러 소금도 보고 구입도 했던 것이 소금과의 인연이 시작되었다. 장남이 군대를 제대하고 대학 재학 중 전통식품인 장류 제조를 시작하겠다고 하여 가장 먼저 했던 조언이 "간수 뺀 소금이 아니면 맛이 나지 않으니 소금을 해마다 사라"는 것이었다. 그렇게 해마다 소금을 사서 저장하기 시작했고 그렇게 한 지도 20년이 넘었다. 지금은 소금 창고가 번듯이 안쪽에 위치해 있지만 10년 전만 해도 소금 창고가 약간 떨어져 있었다. 장을 담그기 위해 아들이 친구들을 불러 품앗이처럼 소금을 어깨에 지고 나르던 모습이 지금도 생각이 난다. 이 책에서 사용하는 소금은 바닷물을 햇볕에 증발시켜 만든 100% 천일염(굵은소금)이다. 소금은 크게 천일염, 재제소금, 태움소금, 정제소금, 가공소금 등으로 나눈다. 천일염은 정제염이나 재제염 등에 비해 미네랄 함량이 월등하다. 그런데 간수가 빠진 소금과 안 빠진 소금은 일단 맛에서 차이가 확연히 난다. 간수가 빠진 소금은 떫은맛이 없고 오래 간수가 빠진 소금은 오히려 고소하며 단맛이 돈다. 천일염을 고를 때는 입자가 고르고 맛을 보아 쓴맛과 떫은맛이 나지 않고 만져보아 손에 수분이 묻지 않는 바슬바슬하고 맑은 것이 좋다. 소금은 5월 송홧가루가 날릴 때 구입하면 가장 좋다. 소금은 간수를 오래 빼면 뺄수록 쓴맛이 빠져서 맛이 좋아진다. 잘 만들어진 천일염은 발효식품의 발효를 돕는다. 좋은 소금으로 배추를 절여보면 배추의 절임이 좋아 아삭거리는 식감도 좋고 배추의 단맛도 살려준다. 이런 천일염은 아이러니하지만 2009년 3월 이전에는 식품이 아닌 광물로 분리되어 있었다. 2009년 3월 이후부터 식품으로 분류되어 현재는 많은 대기업에서 천일염 제품이 쏟아져 나오고 있다.

김치는 당장 내일이 아닌 몇 달 앞을 내다보고 준비했던 우리 선조들의 지혜로운 음식이었다. 소금도 마찬가지이다. 몇 년 뒤를 예상하고 미리미리 준비해야 한다. 지금 당장의 행복을 추구하는 것도 좋지만 천일염과 같이 느긋한 뒷날을 준비하며 미리미리 준비하는 것도 생활의 지혜가 될 것이다.

천일염
30kg
80%이상
적합
생산자

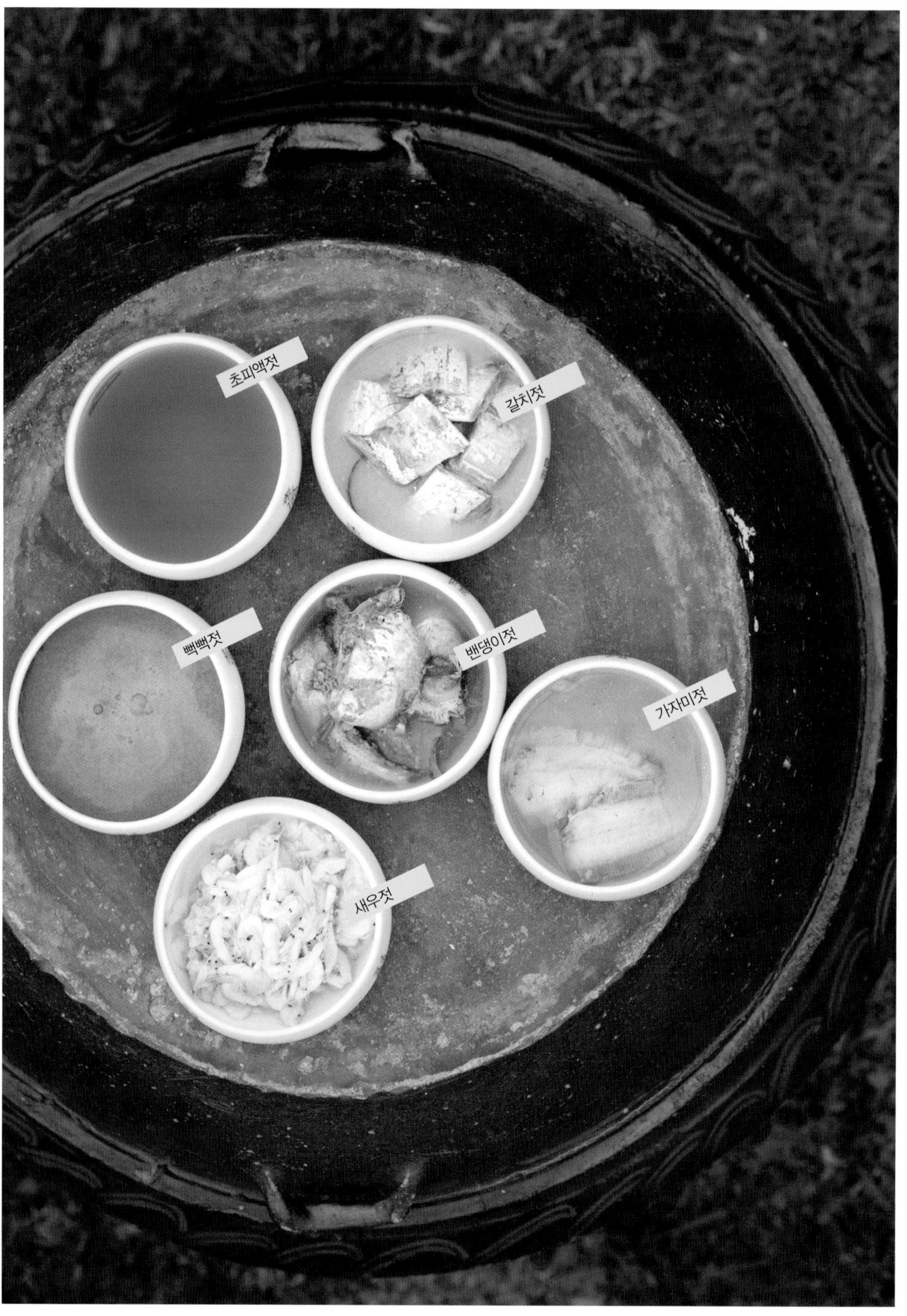
초피액젓
갈치젓
빽빽젓
밴댕이젓
가자미젓
새우젓

초피액젓

봄 멸치가 나오기 시작했다는 소식이 들리면 부리나케 남해로 내려가 갓 잡은 신선한 멸치를 사온다.
집 마당에 자리를 펴고 멸치와 간수를 뺀 천일염과 초피를 버무려 항아리에 담고 멸치액젓을 담근다.
이 책에서 즐겨 쓰는 초피액젓은 바로 멸치액젓이다.
초피는 경상도에서는 '재피'라고 불리며 추어탕이나 어탕 등에 넣으면 비린 맛을 없애고 매운맛을 돋운다.
초피를 멸치액젓에 넣었더니 멸치 특유의 비린내와 향이 사라지고 맛도 훨씬 깔끔하고 감칠맛이 난다.
1년 이상 숙성시킨 초피액젓은 김치를 담글 때 주로 쓰고 미역국이나 북엇국의 간을 맞출 때나 나물 요리에 즐겨 넣는다.

뻑뻑젓

싱싱한 멸치를 소금과 초피 잎을 넣고 항아리에서 1년 이상 숙성시킨 것을 뻑뻑젓이라 한다. 색깔은 진한 회색빛이 난다. 깊은 맛과 감칠맛이 나는 뻑뻑젓은 취향에 따라 여러 가지 요리에 쓰인다.
갖은 양념을 넣어 쌈장을 만들거나 겉절이 등을 만든다. 뻑뻑젓을 걸러 맑은 국물만 받아낸 것이 초피액젓(멸치액젓)이다.

새우젓

시원하고 담백한 맛을 내는 새우젓은 새우를 소금에 절여 만든다. 새우젓을 담글 때 사용한 새우에 따라, 계절에 따라 이름이 다르다. 5월에 담그면 '오젓', 6월에 담그면 '육젓', 가을에 담그면 '추젓', 2월에 담그면 '동백하젓', 7월에 담그면 '차젓', 동짓달에 담그면 '동젓'이라 한다. 눈처럼 흰 새우는 '백하젓', 분홍색이 나는 것은 '건댕이젓', 아주 작은 새우로 담그는 것은 '고개미젓', 민물 새우에 양념을 함께 넣어 삭힌 것은 '토화젓' 등으로 다양하게 부른다. 많은 이름의 새우젓이 있지만 최고로 치는 것은 육젓이다.
새우의 형태가 그대로 남아 있고 살이 통통하며 양 끝이 붉고 잡어가 섞이지 않은 것, 단맛이 나는 것이 상품이다.

갈치젓과 갈치속젓

갈치젓과 갈치속젓은 봄이나 가을에 많이 담근다.
갈치젓을 담글 때는 머리를 자르고 내장을 빼고 비늘을 제거하고 담그는 것이 좋다. 갈치젓을 항아리에 담아 그늘에서 1년 이상 숙성시키면 구수하고 깊은 맛이 난다. 어린 갈치로 담그면 숙성이 잘된다. 갈치속젓은 갈치 내장으로 담근 젓갈이다.

밴댕이젓

구수하고 깊은 맛이 나는 밴댕이젓은 살이 단단하여 쉽게 무르지 않으므로 젓국은 김치용으로 사용하고 밴댕이는 잘게 썰어 양념과 함께 버무려 즐겨 먹는다.
밴댕이는 내장이 적고 성질이 급해 그물에 걸려 배에 올리면 바로 죽어버린다. 남을 배려하지 않고 자기 생각만으로 결정하는 사람을 일컬어 밴댕이 소갈머리라고 한다.
밴댕이는 3~4월에 살이 많으므로 그때 담그는 젓갈이 좋다.

가자미젓

이른 봄 포항 죽도시장에 가서 갓 잡아 온 싱싱한 가자미를 사다가 간수가 잘 빠진 소금과 10:3의 비율로 버무려 서늘한 곳에 1년 정도 숙성 보관하면 살과 뼈가 녹아 감칠맛이 나는 젓갈이 된다. 가자미는 여러 종류가 있는데 젓갈을 담그는 가자미는 작고 싱싱한 것이 좋다. 가자미는 다른 생선에 비해 쫄깃하며 비린 맛이 없다.

조기

조기는 구수하고 담백하며 감칠맛이 있어 여러 요리에 많이 쓰이지만 젓갈이나 김치를 담글 때도 사용한다. 소금에 절여 반건조된 조기를 굴비라 하며 흰색이 나는 조기는 '백조기', 조기 지느러미에 가시가 있는 것은 '침조기', 색깔이 검은빛을 띠는 '흑조기', 누런빛을 띠는 조기는 '참조기' 등 다양한 종류가 있다. 조기는 구수하고 담백하며 감칠맛이 있어 여러 가지로 조리해 먹지만 젓갈을 담그거나 김치를 담글 때도 쓴다. 젓갈과 김치에는 참조기를 사용한다.
참조기는 크다고 맛이 있는 것은 아니고 작아도 누런빛을 띠며 비늘은 은빛이 나고 살은 탄력이 있는 것이 상품이다. 젓갈을 담그는 것은 어린 조기가 좋다.

생멸치

건조를 시키지 않은, 바다에서 갓 잡아 올린 멸치를 생멸치라 한다. 싱싱한 멸치는 회로도 먹고 찌개를 끓여 먹기도 하고 김치를 담그기도 한다. 멸치는 남해 미조항이나 삼천포항, 부산 기장, 통영 거제 등의 남해 바다에서 많이 잡힌다. 좋은 멸치는 싱싱하고 은빛이 나며 등은 푸르스름하다. 2월부터 6월까지 나는 제철 멸치는 부드러운 육질과 감칠맛이 있다.

보리새우

김장철에 시장에 나오는 보리새우는 김장김치에 넣으면 시원한 맛과 감칠맛이 난다.

까나리액젓

싱싱한 까나리를 소금에 절여 발효시킨 젓갈로 비린내가 적고 맛이 깔끔하며 감칠맛이 있어 여러 요리에 사용한다. 까나리는 은백색을 띠며 비늘이 붙어 있는 것이 신선하다. 이 책에서는 까나리액젓을 사용하지 않았는데 초피액젓 대신 넣으면 된다.

②
약처럼 몸에 이로움을 주는 기본양념

김치를 담글 때 꼭 있어야 할 기본양념을 소개한다.

마늘

마늘은 밭에서 자란 육쪽 마늘을 상품으로 친다. 육쪽 마늘이란 쪽이 6개인 마늘을 말한다. 외톨마늘은 쪽이 없이 1개라 하여 외톨마늘이다. 토질에 따라 4쪽, 5쪽, 7쪽, 8쪽 등 여러 쪽으로 자라기도 한다. 또 지역에 따라 한지형 마늘과 난지형 마늘로 나뉘기도 한다. 한지형 마늘은 내륙과 고위도 지방에서 재배하는데 저장성이 난지형 마늘보다 좋고 크기가 굵다. 한지형 마늘 산지로는 충남 서산, 경북 의성, 강원 삼척 등이 있다. 난지형 마늘은 남해안 일대에서 재배하며 가을에 심어 겨울을 넘기고 봄에 한지형보다 일찍 수확한다. 마늘은 단단하면서 매운맛이 있고 향기가 강한 것이 좋다.

고추

한국 음식에서 빼놓을 수 없는 필수 양념이다. 우리나라 사람들은 우울하고 무기력할 때 매운맛으로 감각을 자극하고 활력을 얻곤 한다. 힘든 고통을 겪고 나면 매운 고추보다 더한 고초를 겪는다 하여 '고추'라 부른다. 김치를 담글 때 다양한 방법으로 쓰이는 고추는 입자가 조금 굵은 것이 좋으나 김치 종류에 따라 고운 고춧가루를 사용하기도 하고 마늘과 함께 물에 불려 믹서에 갈아 사용하기도 하고 홍고추를 갈아 넣기도 한다.고추는 조선고추, 매운맛이 있는 청양고추 등이 있고 말리는 방법에 따라 태양초와 쪄서 말린 화근초로 나뉜다. 고추는 빛깔이 곱고 선명하며 윤기가 나는 태양초가 좋다.

마늘의 효능

몸이 차서 잠을 이루지 못할 때 마늘이나 마늘술을 복용하면 몸이 따뜻해지고 정신적으로 안정을 찾는다. 죽을 끓여 먹으면 목이 쉰 것을 풀어준다. 고기와 함께 먹으면 소화를 돕는다고 한다. 또 장기간 약처럼 먹으면 체력을 증가시키고 노화를 막으며 건강을 유지하는 데 도움이 되는 것으로 알려져 있다. 마늘을 먹고 입에서 마늘 냄새가 심하다면 우유를 마시거나 녹차잎을 씹어 먹으면 많이 사라진다.

생강

생강은 강한 맛과 효능을 지닌다. 고기를 부드럽게 하고 비린내를 없애는 데 효과가 있어 생선이나 육류 요리에 이용한다. 다산 정약용 선생은 중풍에는 생강즙이 좋고 감기에는 생강을 씹어 먹은 다음 땀을 내면 효과가 있다고 했다. 생강의 성질은 따뜻하다.
적당하게 먹으면 몸에 약이 되는 생강은 김치뿐만 아니라 한식 재료로 즐겨 쓴다.
생강을 고를 때는 알이 굵고 굴곡이 적은 것이 좋으며 색깔은 황갈색을 띠며 껍질이 얇고 마르지 않은 것이 싱싱하다.

사과

사과의 품종은 매우 다양하다. 사과를 크게 세 가지로 나누면 10월 하순과 11월에 수확하는 '부사'가 있고 부사가 나오기 전에 수확하는 '후지'가 있고 색깔이 푸른 '아오리' 등이 있다. 사과는 지역과 기후 조건에 따라 품종과 맛이 다르다. 일교차가 큰 고랭지 사과가 맛이 좋다. 일교차가 큰 지방에서 생산되는 사과는 색상은 약간 떨어지지만 과육이 단단하고 단맛이 강하다. 요즘은 온난화로 인해 사과를 재배하는 지역이 점점 북쪽으로 올라가고 있다.
사과는 사과산이 위의 산도를 높이기 때문에 아침에 먹는 것이 좋고 저녁에 먹으면 속이 쓰리다. 사과를 반으로 잘라 씨를 빼고 껍질을 벗겨 반달 모양으로 도톰하게 썰어 채반에 널어 바싹하게 말리거나 가정용 건조기에 말려서 심심할 때 먹어도 좋고 떡, 말랭이 등으로도 요리한다.
좋은 사과는 껍질의 착색이 고르고 과육이 단단하며 색상은 밝은 느낌이 나는 것, 모양이 대칭을 이루는 타원형이 좋다.

사과를 김치에 넣으면 발효되는 속도가 빨라진다. 바로 먹을 김치나 겉절이, 물김치 등에 넣는다.

배

배는 크게 '야생배'와 '재배하는 배'로 나뉜다. 야생 배나무는 산이나 시골에 가면 골목 어귀에서 볼 수 있다. 야생배는 크기가 작고 단단하며 단맛과 수분이 적다. 야생배를 설탕과 1:1의 비율로 버무려 배청을 만들어 요리나 약으로 쓴다.
재배를 하는 배는 생산되는 지역에 따라 다양한 이름과 품종이 있다. 좋은 배는 흠이 없고 누런 황금색을 띠며 윤기가 나고 과즙이 많으며 시원하고 아삭한 식감이 뛰어나다.
김치에 설탕 대신 배를 넣으면 발효를 돕고 시원한 맛과 청량한 맛이 난다.

매실청

매화꽃의 열매를 매실이라고 하며 매실은 설탕과 1:1의 비율로 섞어 항아리에 담아 발효시킨다. 이렇게 발효되어 생긴 청을 '매실청'이라 한다. 새콤달콤한 맛을 내는 매실청은 단맛을 내는 데에도 쓰고 민간에서는 배가 아플 때 약으로도 썼다.
하얀 눈 속에서도 핀다 하여 '설중매'라고 하는 매화꽃의 향기는 겨우내 움츠러든 어깨를 활짝 펴게 한다. 붉은빛이 나는 꽃은 '홍매', 흰색이 나는 꽃은 '백매', 가지가 푸르며 푸른색이 나는 꽃을 '청매'라고 한다.
매실청을 담글 때는 주로 청매실을 사용하는데 알맹이가 단단하고 고르며 흠집이 없고 푸른 연둣빛이 나며 향이 강한 것이 좋다.
나는 해마다 밀양 배냇골의 조선종 매실을 구해 매실청을 담근다. 잘 익은 매실을 숨구멍이 살아 있는 항아리에 담아 맛과 향이 풍부하도록 저온 숙성하여 만든 새콤달콤한 매실청은 김치를 담글 때 설탕 대신 넣거나 매실차로도 마시고 샐러드 드레싱, 소스 등에 즐겨 쓴다.

쪽파

매운맛과 따뜻한 성질을 지녀 몸을 따뜻하게 한다. 초가을과 봄에 나는 것은 전이나 적을 부쳐 먹기도 하고 여름에 나는 쪽파는 김치를 담글 때 사용한다.

쪽파는 뿌리가 너무 없거나 굵어도 맛이 없다. 크기가 일정하고 잎이 짧은 것이 좋으며 가을에 파종을 해서 겨울을 지나고 봄에 나는 파가 맛있다.

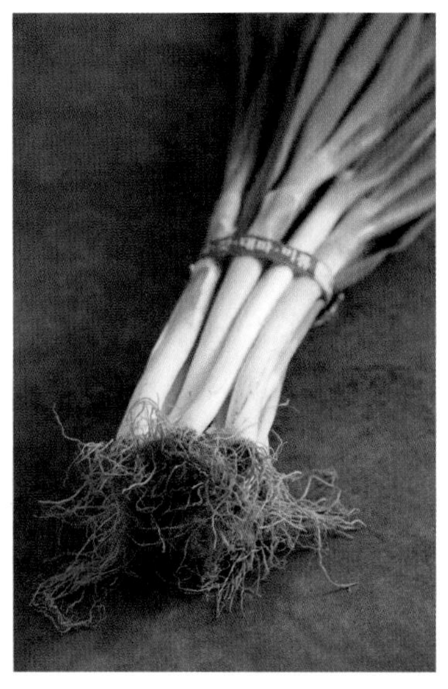

대파

향이 독특한 파는 생으로 먹거나 김치를 비롯한 각종 요리에 널리 쓰인다. 고깃국을 끓일 때 파를 넣는 이유는 고기를 연하게 하고 감칠맛을 돕기 때문이다. 파는 신진대사를 촉진시키는 작용이 뛰어나 겨우내 쌓인 피로와 독을 제거하고 몸에 활력을 준다. 대파는 보통 봄과 가을에 파종한다. 계절에 따라 파 모양이 다르긴 하지만 흰 뿌리가 길고 통통하며 잎이 짧은 것이 좋다. 여름에 나는 대파는 흰 뿌리는 짧고 잎은 길다. 가을에 나는 대파는 김장용으로 많이 사용한다. 가을에 파종을 해서 땅속에서 겨울을 지내고 봄에 나오는 파를 움파라 하는데 흰 뿌리는 길고 잎은 짧고 단맛이 많이 나며 향도 강하다.

민간요법에서 이용한 파

파는 소화를 돕고 땀을 잘 나게 하여 감기에 걸렸을 때 죽을 끓여 먹으면 효과를 볼 수 있다. 기침이 심할 때 잘게 썰어 헝겊에 싸서 콧구멍에 대고 숨을 쉬면 기침이 멎는다. 또 잠이 오지 않을 때 파를 머리맡에 두고 자면 머리가 맑아진다. 파 뿌리를 말려 감기가 들었을 때 배, 도라지, 생강, 밀감, 무와 함께 끓여 마시면 좋다.

양파

양파는 적색과 백색이 있다. 밭에서 나는 양파가 저장하기 좋고 서늘하고 바람이 잘 통하는 곳에 보관하며 옮기지 않으면 겨우내 먹어도 싹이 나지 않는다. 햇양파는 매운맛이 덜해 생으로 먹기도 좋다.

양파는 색이 달라도 맛이나 효능은 비슷하다. 윤기가 나며 머리 부분이 단단하고 동그란 것이 좋다. 김치를 담글 때 양파를 넣으면 발효를 돕고 양파의 단맛이 김치 맛을 좋게 한다.

부추

부추는 경상도말로 '정구지'라고도 한다. 새댁일 때 서울 시장에 가서 "정구지 있어요?"라고 물었더니, 시장 상인들이 알아듣지 못하고 자기들끼리 수근댔다. 집에 와서 남편에게 물으니 여기서는 부추라고 말해야 한다고 일러주는 게 아닌가. 충청도에서는 '조리'라고도 한다. '잎이 붓처럼 생긴 풀'이라 하여 '붓초'라 하다가 '부추'가 되었다. 한번 심으면 스스로 잘 자라기 때문에 게으른 사람도 기를 수 있다 하여 '게으름쟁이 풀'이라고도 부른다.

부추는 여러 가지 요리의 부재료로 많이 사용한다. 부추는 봄에 노지에서 처음 나는 부추를 '초벌부추'라 하는데 약이라 할 만큼 영양분도 있고 맛도 좋다. 부추는 재래종과 계량종이 있는데 재래종은 잎이 가늘고 통통하며 계량종은 잎이 넓고 길이도 길다.

미나리

미나리와 돌미나리가 있다. 돌미나리는 줄기가 짧고 붉은빛이 나며 잎이 많지만 미나리는 줄기가 길고 연녹색이며 잎이 푸르다. 미나리는 마디가 굵거나 지나치게 가는 것은 질기다.

청각

사슴 뿔 모양의 청각은 말린 것과 생청각이 있다. 생청각은 줄기가 통통하고 윤기가 나며 검은 녹색을 띠는 것이 좋고 말린 청각은 푸른빛이 많고 돌이나 띠가 없이 말린 것이 좋다. 청각은 김치를 담글 때 넣으면 젓갈 비린내, 마늘 냄새를 중화시켜 뒷맛을 개운하고 시원하게 한다.

톳

맛과 향이 뛰어난 톳은 짧은 솔잎 모양이 다발로 이어져 묶음처럼 생겨 '녹미채'라고 불린다. 해독 작용을 하며 식이섬유가 많아서 쉽게 포만감이 느껴지므로 다이어트 식품으로 좋다. 식량이 부족했던 시절에는 곡식에 조금 섞어서 밥을 지어 먹기도 했다. 톳은 광택이 있으며 크기가 일정한 것이 좋다.

③
김치의 발효를 돕고 맛을 내는 죽과 풀

찹쌀로 죽을 쑤거나 가루로 풀을 쑨다.

밀가루나 보릿가루, 감자 등 여러 가지 재료를 이용하여 쑨 것을 '풀국'이라 한다.

찹쌀로 죽이나 풀을 끓여 김치를 담그면 윤기가 나고

양념이 겉돌지 않고 잘 달라붙어 숙성을 돕는다.

보릿가루는 시원하고 담백한 맛을 내고 감자와 밀가루, 밥 등으로

농도를 조절하여 숙성을 돕는다.

김치를 담글 때 풀이나 죽을 사용하는 이유는

발효도 돕고 채소의 풋내와 떫은 맛을 없애주며 자연의 단맛이 있어

감칠맛을 내기 때문이다.

찹쌀풀과 찹쌀죽

찹쌀로 죽을 쑨 것이 찹쌀죽, 찹쌀가루로 풀을 쑨 것이 찹쌀풀이다. 찹쌀로 죽이나 풀을 쑤어 김치를 담그면 윤기가 나고 양념이 겉돌지 않고 잘 달라붙어 숙성을 돕는다. 찹쌀죽에 대추를 삶아 넣은 대추 찹쌀죽, 늙은 호박을 삶아 넣으면 늙은 호박 찹쌀죽이 된다. 또 찹쌀풀에 들깨가루를 넣어 고소한 맛을 살리기도 한다. 이 책에서는 김장김치, 백김치, 대추 배추김치, 늙은 호박 배추김치, 톳 배추김치, 생멸치 배추김치, 배추 무 섞박지, 여름 배추김치, 머위김치 등에 찹쌀죽을 썼다. 초피 배추김치, 상추김치, 시금치김치, 가죽김치, 풋마늘대김치, 뽕잎김치, 미삼김치, 두릅김치, 알타리김치, 풋고추소박이김치, 고들빼기김치, 우엉김치 등에는 죽이나 풀을 넣었다.

찹쌀죽 쑤기

재료(김장김치용, 10kg 기준)

찹쌀 1컵, 맛국물 7컵

: 찹쌀은 김치를 담그기 3시간 전에 미리 불려서 물기를 빼서 냄비에 담는다. 맛국물 7컵을 부어 끓기 시작하면 눌어붙지 않게 나무주걱으로 저어가며 중간 불로 20분 정도 쑤어 식힌다.

TIP ① 찹쌀죽을 끓일 때 압력솥을 이용하면 더 빨리 끓일 수 있다.
② 맛국물은 곰솥에 물 3ℓ와 다시마 50g, 멸치 50g, 마른 표고버섯 50g을 넣어 불에 올려 끓기 시작하면 바로 불을 끄고 식으면 체에 걸러 국물만 사용한다.

찹쌀풀 쑤기

재료(풋고추소박이용, 20인분)

맛국물 1컵, 찹쌀가루 3큰술

: 냄비에 맛국물과 찹쌀가루를 넣어 고루 섞는다. 나무주걱으로 저어가며 중간 불로 끓기 시작하면 불을 끈다.

보릿가루풀물

보릿가루는 소화를 도우며 시원하고 담백한 맛이 난다. 그리고 여름철 김치가 빨리 쉬는 것을 늦추기도 하고 김치 재료의 식감이 부드러워지는 효과도 있다.
이 책에서는 열무 물김치, 콩잎 물김치, 쇠비름 물김치에 사용했다.

보릿가루풀물 쑤기

재료(열무 물김치용, 10인분)

물 5컵, 보릿가루 1큰술

: 냄비에 물과 보릿가루를 넣어 고루 섞는다. 나무주걱으로 저어가며 끓기 시작하면 바로 불을 끈다.

TIP 보릿가루가 없을 때는 보리쌀을 삶은 물을 사용해도 좋다.

밀가루풀물

밀가루풀물은 김치의 발효를 촉진하며 젖산균을 생성하고 김치의 감칠맛을 더하며 깊고 시원한 맛을 낸다. 이 책에서는 아카시아꽃 물김치, 케일 양배추 물김치, 산딸기 물김치, 열무 배추 물김치, 풋고추 상추 물김치, 연근 물김치, 비트 잎 물김치, 파프리카 오미자 물김치, 비늘 물김치, 자색 고구마 물김치 등에 밀가루풀물을 넣었다.

밀가루풀물 쑤기
재료(열무 배추 물김치용, 20인분)
물 1ℓ, 밀가루 1큰술
: 냄비에 물과 밀가루를 넣어 고루 섞는다. 나무주걱으로 저어가며 중간 불로 끓이다가 끓으면 불을 끈다.

감자풀

여름에는 날이 더워 채소가 무르거나 발효를 더디게 하며 구수한 맛과 감칠맛을 내는 감자풀을 사용한다. 이 책에서는 여름 열무김치, 얼갈이배추김치, 알배추 겉절이, 청경채김치에 감자풀을 넣었다.

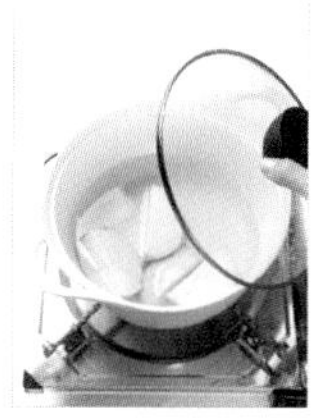

감자풀 쑤기
재료(여름 열무김치용, 20인분)
맛국물 2컵, 감자 1개
: 감자는 껍질을 벗기고 4등분하여 냄비에 맛국물과 함께 넣는다. 끓기 시작하면 중간 불로 15분 정도 삶아 으깬다.

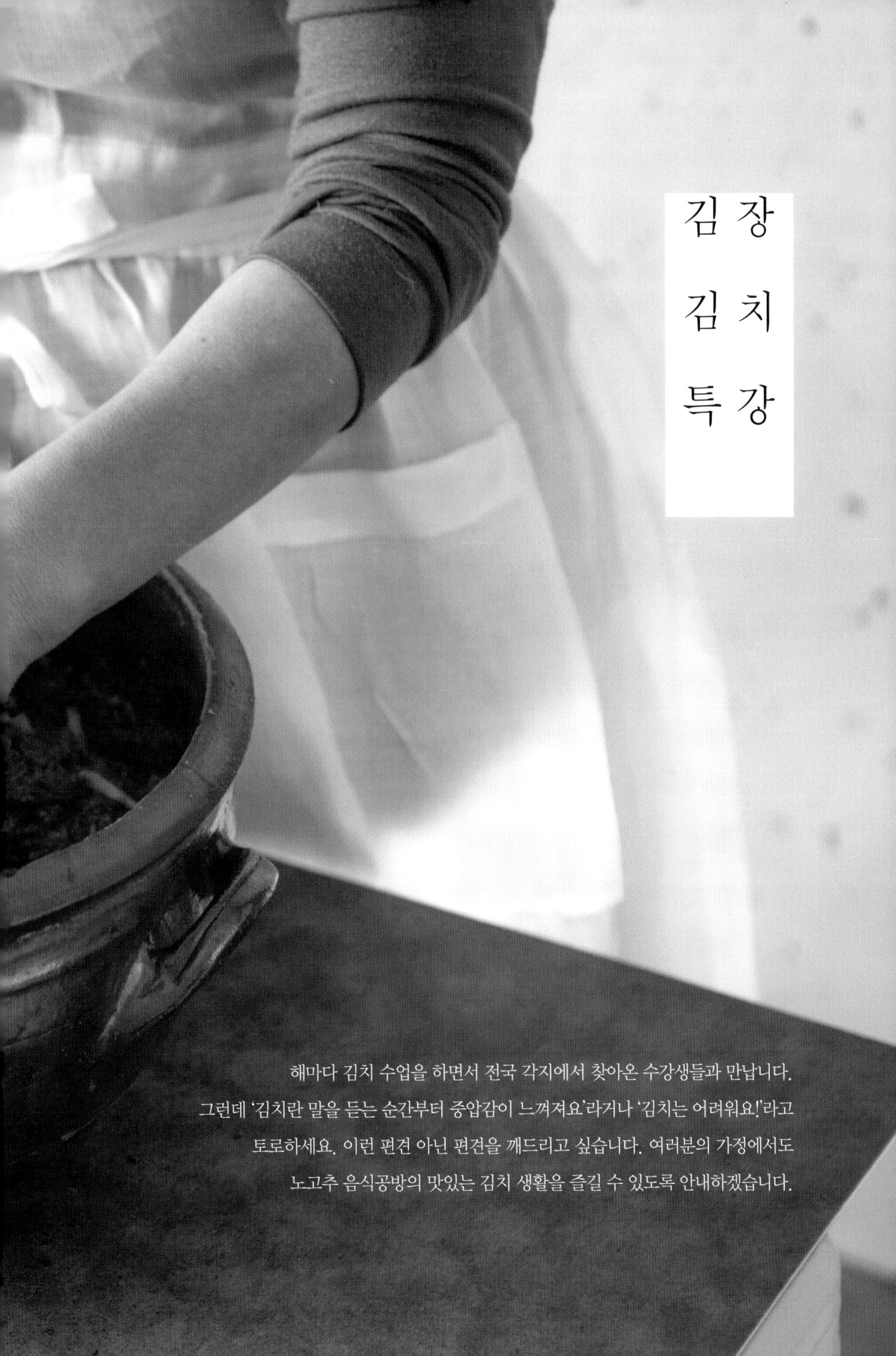

김장 김치 특강

해마다 김치 수업을 하면서 전국 각지에서 찾아온 수강생들과 만납니다. 그런데 '김치란 말을 듣는 순간부터 중압감이 느껴져요'라거나 '김치는 어려워요!'라고 토로하세요. 이런 편견 아닌 편견을 깨드리고 싶습니다. 여러분의 가정에서도 노고추 음식공방의 맛있는 김치 생활을 즐길 수 있도록 안내하겠습니다.

김장 배추 절이기

김장하는 시기

대개 11월 7일이나 8일이 입동(立冬)이다. 입동은 겨울이 시작되는 절기로, 윗지방은 입동 전, 아래 지방은 입동 후에 김장을 많이 한다.

김장 배추를 절일 때 시간과 농도가 달라질 수 있는 3가지

1. 소금에 따라 : 간수가 잘 빠진 소금과 덜 빠진 소금이 있다.
2. 배추에 따라 : 배추의 품종과 자란 환경에 따라 달라질 수 있다.
3. 날씨에 따라 : 온도가 높은 날과 낮은 날에 따라 절이는 시간이 달라질 수 있다.

5포기
(절인 배추 10~12kg 기준)

주재료
김장철에 나는 배추 4~5포기

절임물 재료
물 9ℓ
굵은소금 10컵
* 절이는 시간
  23~24시간 정도
* 굵은소금은 간수를 뺀
  천일염이다

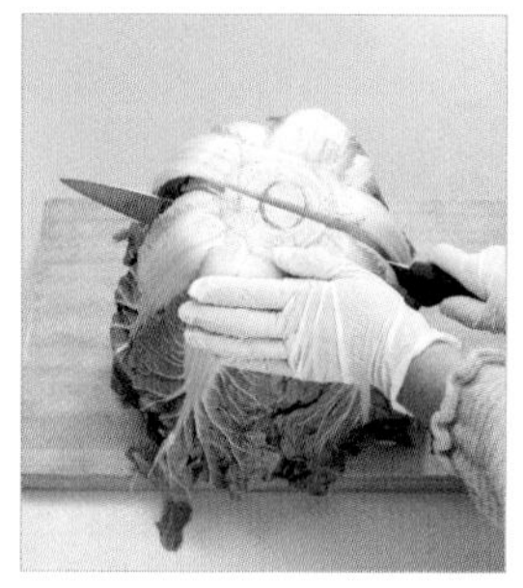

1 배추 밑동에 열십자 모양으로 10~12cm 정도로 칼집을 넣는다.

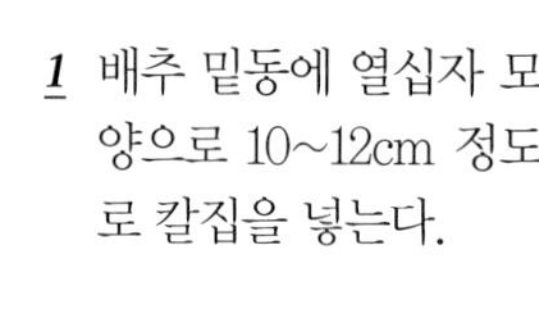

2 배추 뿌리를 떼어낸다.

3 큼직한 대야에 물 9ℓ와 굵은소금 9컵을 넣어 녹인다. 배추를 소금물에 굴린다.

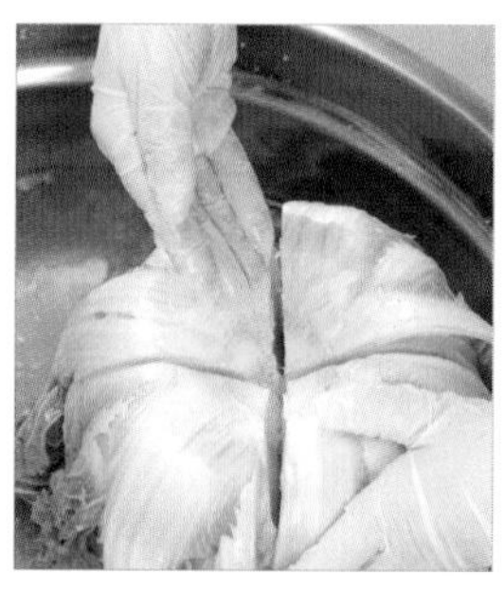

4 배추를 세워 소금물을 3~4번 끼얹는다.

5 나머지 굵은소금 1컵은 포기마다 1큰술씩 얹는다.

노고추 음식공방의 비법
날씨와 온도에 따라 절이는 시간이 달라질 수 있다. 배추가 절여질 동안 양념을 준비하고, 절인 다음날 아침부터 배추를 양념에 버무린다.

6 저녁 6~7시 정도에 절여 다음날 아침까지 둔다.

7 다음날 아침에 절인 배추를 반으로 가른다. 반으로 가른 다음 잎 부분은 위로, 줄기 부분이 소금물에 잠기도록 한다.

8 5시간 후에 1/4쪽으로 갈라 5시간 정도 더 절인다.

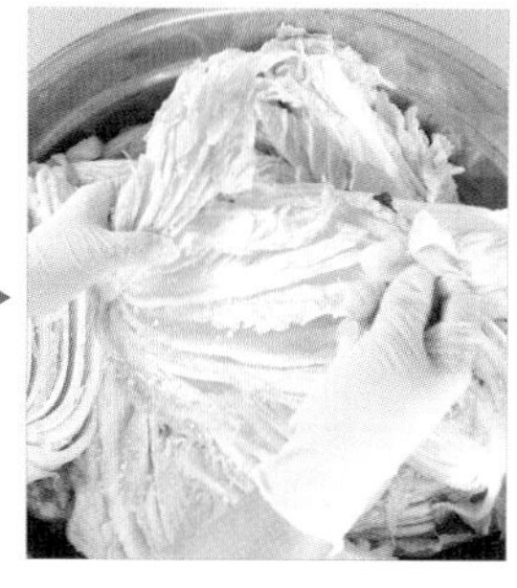

5시간이 지났는데도 배추가 덜 절여졌으면 배추 줄기 사이사이에 소금을 쳐서 1~2시간 정도 둔다.

9 절인 배추는 물에 씻어서 밤새 물기를 뺀다.

겨울 김장 양념

'어떻게 하면 올해도 맛있는 김치를 담글 수 있을까?'. 겨울로 접어들면 집집마다 김장 걱정이 시작된다. 김장은 겨울 한철 보약 같은 반찬이기 때문이다. 옛날에는 김장김치 담그는 일이 일 년 중 큰 행사였다. 세월이 지난 요즘은 좋은 재료들이 일 년 내내 있으니 언제든지 먹고 싶을 때 담가 먹으면 된다. 하지만 제철에 나는 재료들로 담가야 제 맛을 느낄 수 있다.
11월 7일이나 8일 즈음은 입동이다. 입동 전후가 김장하는 시기인데, 이때쯤이면 보리새우, 생새우, 청각, 김장용 갓, 뿌리가 있는 미나리 등 김장에 필요한 재료가 많이 나온다. 보리새우는 주로 경상도 지방에서 많이 나온다. 보리새우를 구하기 어렵다면 김장철에 나는 생새우로 대신해도 좋다.

담그는 법

절인배추 10~12kg 기준

양념 재료
고춧가루 6컵(600g)
다진 마늘 1컵(200g)
다진 생강 2큰술(40g)
초피액젓 200g
새우젓 1컵(200g)
갈치속젓 100g
뻑뻑젓 100g

찹쌀죽 재료
(끓인 찹쌀죽 4컵, 800g 기준)
맛국물 7컵
찹쌀 1컵

부재료
무 900g
배(큰 것) 1개
쪽파 100g
미나리 100g
갓 150g
마른 청각 30g

맛국물 재료
맛국물 4컵
: 어린 조기 600g
맛국물 2컵
: 보리새우 400g

1 무와 배는 채 썬다.

2 쪽파, 미나리, 갓은 3~5cm 길이로 썬다.

3 마른 청각은 물에 깨끗이 씻은 다음 물기를 짜서 잘게 다진다.

4 초피액젓, 새우젓, 갈치속젓, 뻑뻑젓을 준비한다.

5 볼에 무채, 배채, 고춧가루, 다진 마늘, 다진 생강, 초피액젓, 새우젓, 갈치속젓, 뻑뻑젓을 넣어 버무린다.

6 간 조기와 보리새우(★19쪽 참조)는 양념에 붓고 잘 섞는다.

7 찹쌀죽은 찹쌀 100g을 물에 3~4시간 정도 불려 맛국물 7컵과 끓인다.

8 마지막에 쪽파, 미나리, 갓을 양념에 넣어 살살 버무린다. 이때 너무 치대면 익은 후에 군내가 날 수 있다.

9 절인 배추에 소를 골고루 넣는다.

노고추 음식공방의 비법
이 양념으로 절임배추 13kg 정도까지 담글 수 있다. 또 보리새우와 조기, 생새우 등은 김장철에 구입하여 냉동실에 넣어두면 일 년 내내 먹을 수 있다.

늙은 호박 배추김치

잘 익은 늙은 호박은 반으로 갈라 숟가락으로 씨를 긁어낸 후 껍질을 벗겨 여러 요리에 이용한다. 쪄서 먹고 죽, 전, 떡, 샐러드 소스 등을 만들어 먹곤 한다. 늙은 호박을 넣어 김치를 담그면 깊고 시원하고 단맛이 난다.

노고추 음식공방의 비법

쪽파, 미나리, 갓은 마지막에 넣어야 김치에서 풋내가 나지 않는다.

담그는 법

4인 가족 두세 달 치
(절인 배추 11~13kg 기준)

주재료
배추 4~5포기(11~13kg 정도)
마른 청각 30g
무 900g
배(중간 것) 1개
쪽파 100g
미나리 100g
갓 100g

늙은 호박 재료
늙은 호박 700g
물 2컵

찹쌀죽 재료
찹쌀 100g
맛국물 7컵

맛국물 재료
보리새우 500g
맛국물 2컵

양념 재료
고춧가루 6컵(600g)
다진 마늘 1컵(200g)
다진 생강 4큰술(40g)
초피액젓 2컵(480g)
새우젓 1컵(200g)

대체 식재료
보리새우 ▶ 대하

늙은 호박 이야기

호박은 종류가 다양한데 크게 두 가지로 나뉜다. 늙은 호박은 봄에 파종하여 여름에 꽃이 피고 호박이 열린다. 이것을 애호박이라 한다. 애호박을 따지 않고 두면 크기가 커지면서 누런색으로 변하면서 늙은 호박이 된다. 단호박은 크기가 작고 겉이 짙은 푸른색이다.

▶

1 늙은 호박은 반으로 자르고 속을 파낸다. 적당한 크기로 잘라 필러로 껍질을 벗긴다.

▶

2 냄비에 물 2컵과 늙은 호박을 넣고 끓여 끓기 시작하면 중간 불로 줄이고 20분 정도 삶는다.

센 불에서 삶으면 탈 수 있으므로 불 조절을 잘한다.

3 찹쌀죽은 찹쌀 100g을 물에 3~4시간 정도 불려 맛국물 7컵과 끓인다.

4 찹쌀죽, 삶은 호박, 고춧가루, 다진 마늘, 다진 생강, 초피액젓, 새우젓을 준비한다.

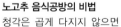

5 냄비에 맛국물과 보리새우를 넣고 10분 정도 삶아 식힌 다음 믹서에 곱게 간다.

6 마른 청각은 물에 20분 정도 불려 흐르는 물에 4~5번 깨끗이 씻어서 곱게 다진다.

노고추 음식공방의 비법

청각은 곱게 다지지 않으면 김치를 먹을 때 벌레처럼 보이므로 곱게 다지거나 믹서에 간다.

7 무는 곱게 채 썰고 배는 껍질을 벗기고 채 썬다.

8 쪽파, 미나리, 갓은 3~4cm 길이로 썬다.

9 채 썬 무에 고춧가루를 넣어 버무린 다음 모든 양념 재료를 넣고 버무린다.

10 쪽파, 미나리, 갓을 마지막에 넣고 버무려 김치에 소를 넣어 실온에 2~3일 두었다가 냉장 보관한다.

이듬해 봄까지 맛있게 먹을 수 있다.

갈치 배추김치

갈치가 들어간 김치는 비린 맛 때문에 금방 먹지 못하고 한 달쯤 지나서 먹기 시작한다. 익으면 시원하고 깊은 맛이 나며 그냥 먹어도 맛있고 김치찌개를 끓여도 시원한 국물 맛이 일품이다. 한 달쯤 지나면 갈치는 발효가 되어 쫀득쫀득하며 구수한 맛이 나고 배추는 깊고 담백하고 감칠맛이 난다. 오래 두고 먹으면 더 맛있는 김치로 이듬해 봄까지 맛있게 먹을 수 있다.

노고추 음식공방의 비법

갈치는 주로 낚시로 잡기 때문에 갈치를 손질할 때 갈치 입안의 낚싯바늘을 조심해야 한다. 김치 소를 넣으면서 갈치도 켜켜이 넣는다.

담그는 법

4인 가족 한 달 치

주재료
배추 2포기(7kg 정도)
갈치(작은 것) 2~3마리
마른 청각 20g
무 400g
배 1/2개
갓 150g
미나리 100g
쪽파 100g

절임물 재료
물 4ℓ
굵은소금 4컵

찹쌀죽 재료
찹쌀 80g
맛국물 3컵

양념 재료
고춧가루 3컵
다진 마늘 4큰술(80g)
다진 생강 2큰술(20g)
초피액젓 10큰술
새우젓 5큰술(100g)
갈치속젓 5큰술

대체 식재료
초피액젓 ▶ 까나리액젓, 멸치액젓

1 배추는 다듬어 밑동을 도려내고 4등분으로 칼집을 넣는데 이때 완전히 자르지 말고 1/3 정도까지만 칼집을 넣는다(*50쪽 김장 배추 절이기 참조).

2 절임물(물 4ℓ, 굵은소금 4컵)에 배추를 10~12시간 정도 절여 배추를 헹궈 소쿠리에 밭쳐 물기를 뺀다(*50쪽 김장 배추 절이기 참조).

3 찹쌀은 물에 3시간 정도 불린 다음 건져 물기를 빼서 맛국물을 넣는다. 끓기 시작하면 주걱으로 저어가며 중간 불에서 20분 정도 쑤어 식힌다.

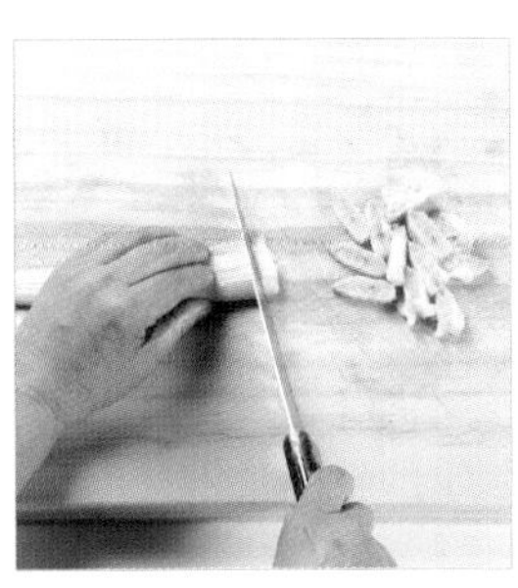

4 갈치는 작은 것으로 골라 지느러미를 자르고 머리와 내장은 손질하고 비늘은 깨끗하게 벗긴 다음 0.7cm 길이로 자른다.

5 청각은 물에 불려 깨끗이 씻은 다음 잘게 다진다.

6 무와 배는 채 썰고 갓, 미나리, 쪽파는 2~3cm 길이로 썬다.

7 갈치, 무, 배, 갓, 미나리, 쪽파, 청각, 찹쌀죽, 고춧가루, 다진 마늘, 다진 생강, 초피액젓, 새우젓, 갈치속젓을 넣고 버무려 김치에 켜켜이 넣는다. 김치통에 담아 실온에서 3일 정도 익혀 냉장 보관한다.

갈치 이야기

갈치는 은빛이 나는 은갈치가 있고 먹색이 나는 먹갈치가 있는데 맛은 비슷하다. 시중에는 먹갈치가 많이 나온다. 늦가을이나 초겨울이 되면 김장용으로 적당한 작은 갈치가 잡힌다. 김장용 갈치는 작고 싱싱한 것으로 골라야 한다. 냉동 갈치는 비린맛이 나서 김장용으로 넣지 않는다.

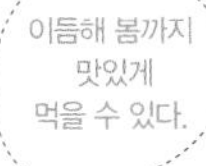

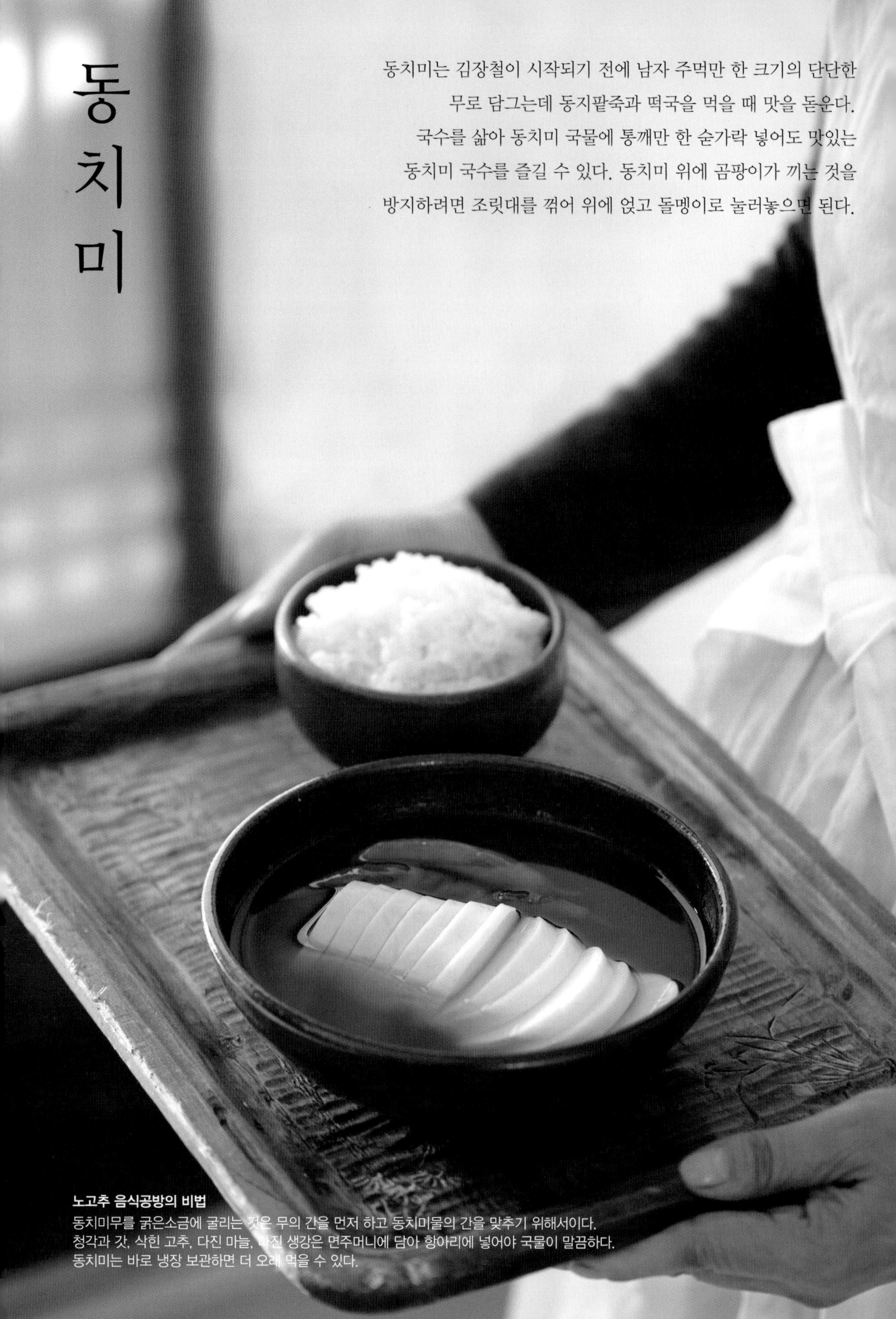

동치미

동치미는 김장철이 시작되기 전에 남자 주먹만 한 크기의 단단한 무로 담그는데 동지팥죽과 떡국을 먹을 때 맛을 돋운다. 국수를 삶아 동치미 국물에 통깨만 한 숟가락 넣어도 맛있는 동치미 국수를 즐길 수 있다. 동치미 위에 곰팡이가 끼는 것을 방지하려면 조릿대를 꺾어 위에 얹고 돌멩이로 눌러놓으면 된다.

노고추 음식공방의 비법

동치미무를 굵은소금에 굴리는 것은 무의 간을 먼저 하고 동치미물의 간을 맞추기 위해서이다.
청각과 갓, 삭힌 고추, 다진 마늘, 다진 생강은 면주머니에 담아 항아리에 넣어야 국물이 말끔하다.
동치미는 바로 냉장 보관하면 더 오래 먹을 수 있다.

담그는 법

4인 가족 한 달 치

주재료
무 2.5kg(개당 230g 정도)
굵은소금(간수를 뺀 것) 70g
쪽파 100g
마른 청각 15g
청갓 100g
미나리 50g
배(중간 것) 1개
물 5ℓ

양념 재료
다진 마늘 2큰술
다진 생강 1/2큰술

대체 식재료
쪽파 ▶ 대파

1 무는 잔털을 제거하고 밑동을 잘라내고 꼬리를 떼어낸 다음 깨끗이 씻는다.

2 무를 굵은소금에 굴려서 항아리에 담는다.

3 쪽파는 한 번 먹을 만큼씩 묶어 항아리에 담고 배는 껍질째 깨끗이 씻어 반으로 잘라 씨를 파내어 항아리에 담는다.

4 마른 청각은 물에 20분 정도 불려 깨끗이 헹궈 곱게 다진다.

5 청각, 갓, 삭힌 고추, 다진 마늘, 다진 생강은 베주머니에 넣어 입구를 묶어 항아리에 담는다.

6 물 10ℓ를 끓여 식힌 후 항아리에 부어 실온에 15일 정도 익혔다가 먹기 시작한다.

한 달 정도 맛있게 먹을 수 있다.

동치미무 이야기

동치미 무는 작고 단단한 걸로 골라 동치미를 담가야 오래 두고 먹어도 아삭한 식감이 살아있다. 또 동치미 무는 잎이 푸르고 싱싱하며 윗부분이 푸른색이 많은 것이 단맛이 많이 난다.

"에미야, 올해 고추는 얼마나 사주랴?"라는
시어머니의 전화 한 통화로 김장 준비는 시작된다.
시어머니는 6 · 25전쟁 후 충남 부여에서 삶의 터전을 잡으셨다.
김장 때 사용할 고추를 이웃에서 농사를 짓는 동네분들께 구입해 주신다.
텃밭에는 무, 배추가 쑥쑥 자라고 있으니 김장거리 걱정이 없다.

김장거리용 푸성귀는 초가을에 파종해서 초겨울에 수확하는 것이 자연스럽다.
이전에 김칫거리가 마땅치 않으면 단풍 들기 전에 깻잎김치를 담그고
텃밭의 어린 무와 배추를 솎아 무는 물김치 담그고,
배추는 봄에 담가놓은 젓갈로 버무려 겉절이를 만들어 먹는다.
동치미에 넣을 풋고추를 따 소금에 삭히고
도라지를 캐 무치고 김장에 넣을 늙은 호박도 준비한다.
찬바람이 불고 날씨가 추워지면
배추는 얼지 말고 속이 차라고 짚이나 끈으로 묶어주고
무를 먼저 뽑아 작은 것은 동치미를 담그고
큰 것은 김장 때 쓸 용도로 얼지 않게 보관한다.
남은 무는 깍두기를 담가 달고 아삭한 맛을 즐겨본다.

점점 추워져 기온이 영하로 떨어지면 배추를 뽑아 절이기 시작한다.
겉잎은 버리지 않고 김장 위에 덮을 우거지로 같이 절인다.
김장에 들어갈 재료를 준비하고
찹쌀과 맛국물을 끓여 고춧가루와 양념을 먼저 버무린 다음 채소를 넣는다.
오래 두고 먹을 김장은 잘 절여진 배추로 골라 작은 항아리에 담아
우거지를 넉넉히 올리고 바람이 들어가지 않게 꼭꼭 눌러
항아리 입구는 밀봉하여 냉장 보관한다.
김장이 끝나고 나면 넉넉한 느낌이다.

삭
힌
다

가을
김치와
겨울
김치

가을배추 절이기

가을배추는 속이 꽉 차지 않아서 5~6포기 정도 절이면 10~12kg 정도 된다. 절이는 시간은 김치 담그는 날의 온도에 따라 차이가 날 수 있다.

재료
배추 5~6포기
(10~12kg 정도)
물 9ℓ
굵은소금(천일염) 10컵

노고추 음식공방의 비법
소금을 조금 더 넣으면 빨리 절일 수 있다.

1 물 9ℓ에 굵은소금 10컵 중 9컵을 넣어 녹이고 굵은소금 1컵은 남겨둔다.

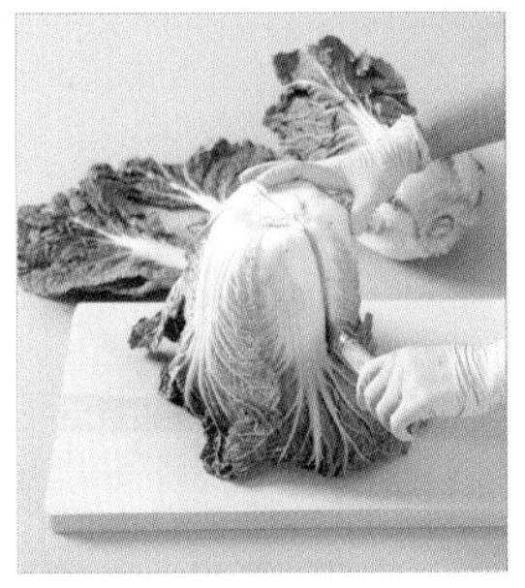

2 배추는 반으로 쪼갠다.

3 쪼갠 배추에 다시 10cm 정도 칼집을 넣는다.

4 배추를 소금물에 담가 적신 다음 옆 대야에 옮겨 담는다.

5 배추에 남은 소금물을 부어 4시간 정도 절인 후 배추를 1/4쪽으로 가른다.

6 볼에 옮겨 담고 배추의 숨이 덜 죽은 부분(줄기 사이사이)에 소금 1컵을 골고루 나눠 뿌린다.

7 남은 소금물을 붓고 2시간 정도 지나면 물에 씻는다.

가을배추 양념

절인 배추 10~12kg

양념 재료
찹쌀 1컵(190g)
맛국물 7~8컵
생보리새우(믹서에 간 것) 2컵
무 900g
미나리 100g
쪽파 100g
갓 150g
마른 청각 30g
배(큰 것) 1개
생조기(믹서에 간 것) 4컵
고춧가루 6컵(600g)
다진 마늘 1컵(200g)
다진 생강 4큰술(40g)
초피액젓 200g
새우젓 1컵(200g)
갈치속젓 1/2컵(100g)
뻑뻑젓 100g

대체 식재료
보리새우 ▶ 대하

노고추 음식공방의 김장김치 비법
양념에 조기와 보리새우를 삶아 넣으면 시원하고 깊은 맛이 난다. 또는 조기의 머리와 내장을 제거하고 토막을 내어 배추 사이사이에 넣으면 더욱 깊은 맛이 난다. 보리새우는 생물로 갈아 넣으면 김치에서 시원한 맛이 난다.

1 찹쌀은 물에 씻어 3~4시간 정도 불린 다음 체반에 밭쳐서 물기를 빼고 냄비에 맛국물 7컵과 함께 넣고 센 불로 끓인다. 끓기 시작하면 약한 불로 줄이고 주걱으로 저어가며 20분 정도 끓여 식힌다.

2 냄비에 보리새우나 대하를 넣고 맛국물 2컵을 부어 10분 정도 삶는다.

3 무는 껍질을 벗겨 4~5cm 길이로 채 썬다.

4 미나리, 쪽파, 갓은 다듬어 2~3cm 길이로 썬다.

보리새우와 조기 이야기
보리새우는 김장철인 초겨울부터 시장에 나오기 시작한다. 대하보다는 작고 일반 새우보다는 큰 보리새우를 김치에 넣으면 특유의 감칠맛과 단맛으로 김치가 더 시원하고 맛있다. 조기는 종류가 다양한데, 김치에는 참조기를 쓴다. 배 부분이 노란색을 띠며 크기가 너무 크지 않은 것이 좋다. 조기가 들어간 김치는 보리새우와는 다른 감칠맛과 시원한 맛이 난다.

5 마른 청각은 물에 20~30분 정도 불린 다음 흐르는 물에 5~6번 깨끗이 씻어 잘게 다진다.

6 배는 2~3cm 길이로 채 썬다.

7 냄비에 손질한 조기와 맛국물 4컵을 넣고 끓여 끓기 시작하면 중간 불로 줄이고 30분 정도 끓인다. 삶은 조기는 식혀 믹서에 곱게 간다.

8 채 썬 무에 고춧가루를 넣고 버무린다.

9 ⑧에 다진 마늘, 다진 생강, 초피액젓, 새우젓, 갈치속젓, 뻑뻑젓을 넣고 버무린다.

10 찹쌀죽, 보리새우, 삶은 조기를 넣어 섞는다. 배는 껍질을 깎고 씨를 빼고 채를 썰어 넣고 살살 버무린다.

11 미나리, 쪽파, 갓, 청각을 넣어 버무린다.

솎음 배추김치

늦여름에 김장배추 씨앗을 뿌려 놓으면 가을쯤 되어 배추를 솎아 주는데, 이때 나오는 솎음배추로 김치를 담그면 청방김치 같은 맛을 즐길 수 있다.

노고추 음식공방의 비법
가을에 담가서 김장하기 전까지 먹는 김치이다.

담그는 법

4인 가족 한 달 치

주재료
숙음배추 3kg
굵은소금(천일염) 1컵
물 1컵
양파 1개
무 500g
쪽파 100g

양념 재료
고춧가루 1컵+1/2컵(150g)
다진 마늘 3큰술(60g)
다진 생강 1큰술(10g)
새우젓 1/4컵(50g)
뻑뻑젓 10큰술(100g)
매실청 5큰술(50g)
찹쌀죽 1컵

대체 식재료
뻑뻑젓 ▶ 멸치액젓

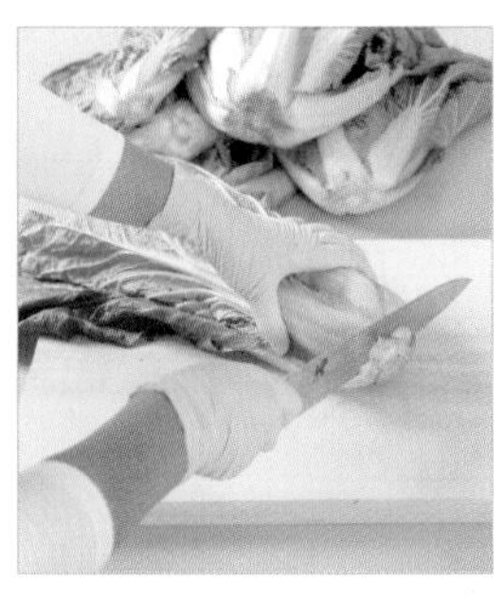

1 솎음배추는 밑동을 자른다.

2 잎 끝을 손이나 칼로 떼어 내고 반으로 가른다.

3 솎음배추를 물에 깨끗이 씻어서 굵은소금을 켜켜이 뿌린다.

4 솎음배추에 물 1컵을 골고루 뿌린다. 30분 정도 지나면 위아래를 뒤집는다. 다시 30분 정도 지나면 물에 씻는다. 솎음배추는 총 1시간 정도 절인다.

5 솎음배추를 씻어 체에 밭쳐 2시간 정도 물기를 뺀다.

6 양파와 무는 믹서에 곱게 간다.

7 고춧가루, 다진 마늘, 다진 생강, 새우젓, 뻑뻑젓, 매실청, 찹쌀죽을 준비한다.

8 쪽파는 2~3cm 길이로 썬다.

9 큰 볼에 모든 양념을 버무린 다음 쪽파를 넣어 가볍게 버무린다.

10 절인 솎음배추에 소를 넣는다. 김치통에 담아 실온에 3~4일 두었다가 냉장 보관한다.

50일에서 60일 정도 맛있게 먹을 수 있다.

가을 솎음무 나박 물김치

솎은 무는 연하고 부드러워 고춧가루를
넣지 않고 아이들이 먹을 수 있는
김치를 담갔다. 이 김치는 무를 절여서
물에 씻지 않고 바로 담근다.

노고추 음식공방의 비법
솎음무는 깨끗이 씻어 껍질째 바로 담가도 된다. 또 풀물을 끓일 때 풀물이 쉽게 넘치니 넉넉한 냄비에 끓인다. 어른이 먹으려면 고춧가루를 넣는다.

담그는 법

4인 가족 한 달 치

주재료
솎음무 700g
굵은소금(천일염) 20g
쪽파 50g
다진 마늘 2큰술(40g)
다진 생강 1큰술(10g)
배 1개(350g)

밀가루풀물 재료
물(생수) 1ℓ
밀가루 1큰술(15g)

대체 식재료
밀가루 ▶ 밥, 감자

1 큼직한 냄비에 물 1ℓ와 밀가루 1큰술을 넣고 주걱으로 저어가며 센 불에 끓이다가 끓기 시작하면 불을 끄고 식힌다.

2 솎음무는 껍질을 벗겨 다듬어 깨끗이 씻은 다음 반달로 썬다.

3 솎음무에 굵은소금을 뿌려 1시간 정도 절인다.

4 쪽파는 손질하여 2cm 길이로 썬다.

5 다진 마늘과 다진 생강을 준비한다.

6 배는 강판에 갈아 즙을 낸다.

7 마늘과 생강은 면보에 넣는다. 큰 볼에 재료를 모두 넣고 버무려 김치통에 담아 2~3일 두었다가 냉장 보관한다.

30일에서 40일 정도 맛있게 먹을 수 있다.

가을 솎음무 이야기

8월 중순 무렵 늦여름이 오면 김장 배추와 무를 파종한다. 이때 심어 놓은 배추와 무를 가을에 솎아서 김치를 담가 김장 때까지 먹는다.

가을 동치미

가을무를 무청과 함께 동치미를 담그면
시원하고 맛있게 먹을 수 있다. 나의
유년시절을 돌이켜 보면 가을 추수철에
고구마를 삶아서 동치미와 함께 먹는
일이 별미중의 별미였다.

노고추 음식공방의 비법
가을 동치미는 겨울 동치미와 달라 조금씩 담가서 빨리 먹는 게 좋다. 또 누름판이 없으면 돌멩이나 유리 용기에 물을 채워 눌러 둔다. 고추씨 1컵을 면주머니에 담아 넣으면 칼칼한 김치맛을 즐길 수 있다.

담그는 법

4인 가족 한 달 치

재료
가을무 1.5kg
굵은소금(천일염) 50g
물 3.5ℓ
배(중간 것) 1개
쪽파 100g
청갓 100g
다진 마늘 1+1/2큰술(30g)
다진 생강 2큰술(20g)
마른 청각 10g

대체 식재료
쪽파 ▶ 대파

1 무는 다듬어 껍질째 깨끗이 씻어 굵은소금을 뿌려 하루 정도 절인다.

2 냄비에 물을 넣고 팔팔 끓여 식힌다.

3 배는 깨끗이 씻어 껍질째 16조각으로 자른다.

4 쪽파와 청갓은 6~7cm 길이로 썰어 면주머니에 넣은 다음 다진 마늘과 다진 생강도 넣는다.

5 청각은 찬물에 30분 정도 불려 흐르는 물에 4~5번 깨끗이 씻는다.

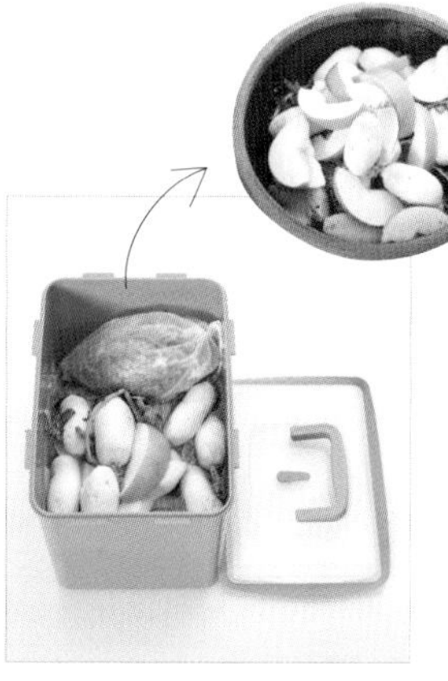

6 김치통에 재료와 끓인 물을 넣는다. 누름판으로 눌러 뚜껑을 닫고 실온에 4~5일 정도 두었다가 냉장 보관한다.

50일에서 60일 정도 맛있게 먹을 수 있다.

가을 알타리김치

알타리는 지방마다 계절마다 생긴 모양이 조금씩 다르다. 어떤 알타리가 좋은지, 맛있는지는 정확하게 정의를 내리기는 어렵지만, 오랜 세월 김치를 담가 본 경험으로 그 계절에 나는 싱싱한 재료로 담가 먹는 것이 제일이다.

노고추 음식공방의 비법

날씨에 따라 실온에서 4~5일 정도 두면 먹기 좋게 익는다. 또 멸치 가루를 넣어도 맛있다.

담그는 법

4인 가족 한 달 치

주재료
알타리 2단(3.2kg 정도)
쪽파 100g

양념 재료
고춧가루 1컵
다진 마늘 3큰술
다진 생강 1큰술
초피액젓 9큰술
새우젓 6큰술
매실청 6큰술
찹쌀죽 2컵

절임물 재료
물 3컵
굵은소금(천일염) 1컵

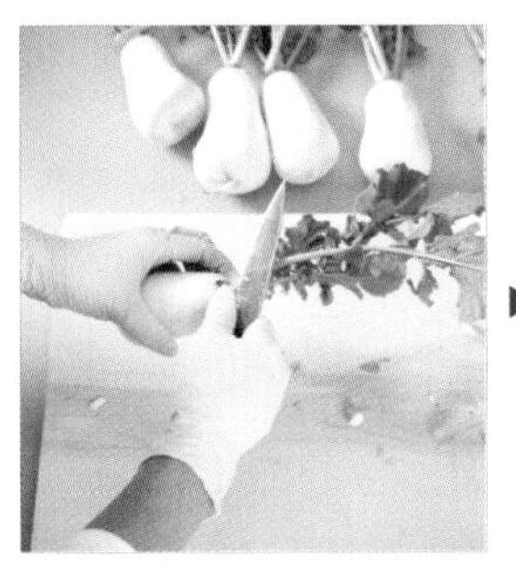
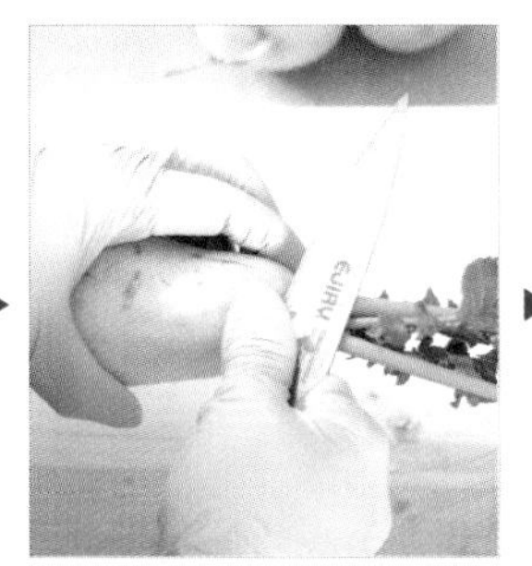

1 알타리는 누런 잎이 있다면 떼어내고 밑동을 잘라낸 다음 줄기와 뿌리 부분을 다듬는다.

2 알타리의 껍질을 벗긴다.

3 물 3컵에 굵은소금 1컵을 넣어 녹인다.

4 소금물에 알타리를 넣어 1시간 30분 정도 절인다.

5 알타리가 잘 절여지도록 위아래를 뒤집은 다음 1시간 30분 정도 더 절인다.

6 줄기를 꺾어 보아 꺾이지 않으면 다 절여진 것이다.

7 물에 알타리를 씻어서 소쿠리나 체에 밭쳐 30분에서 1시간 정도 물기를 뺀다.

8 알타리는 4등분한다.

9 쪽파는 3cm 길이로 썬다.

10 고춧가루, 다진 마늘, 다진 생강, 초피액젓, 새우젓, 매실청, 찹쌀죽을 준비한다.

11 큰 볼에 양념을 넣고 섞은 다음 쪽파를 넣고 버무린다. 알타리를 넣고 골고루 버무려 김치통에 담는다.

30일에서 40일 정도 맛있게 먹을 수 있다.

알배추 빨강 물김치

메주콩을 넣은 알배추 물김치는 여러 가지 재료가 들어가서 만들기가 번거롭기는 하지만 영양 만점의 김치다. 익으면 깊은 맛이 난다.

노고추 음식공방의 비법

항아리가 없으면 김치통에 담아 같은 방법으로 보관한다.

담그는 법

60인분

주재료
알배추 5포기
메주콩 30g
갓 100g
무 500g정도
배(큰 것) 1개
쪽파 100g
굵은소금(천일염) 30g
양파 1개

절임물 재료
물 4ℓ
굵은소금 4컵

양념 재료
고춧가루 1/2컵(50g)
다진 마늘 3큰술(60g)
다진 생강 1큰술(10g)
초피액젓 10큰술(100g)
새우젓 2큰술(40g)
밥 1컵
생수 2컵

맛국물 재료
다시마 40g
표고버섯 30g
사과 2개
물 3ℓ

★ 알배추 절이는 법은 176쪽을 참조한다. 알배추 5포기가 많으면 반으로 줄여도 좋다.

1 메주콩은 물에 5~6시간 정도 불려 삶아 식힌 다음 믹서에 간다. 냄비에 맛국물 재료를 모두 넣고 중간 불로 20분 정도 끓인다. 끓인 맛국물은 충분히 식힌다.

2 갓, 무, 배, 쪽파는 깨끗이 씻어 준비한다.

3 무는 반달 모양으로 도톰하게 썬다.

4 무는 굵은소금을 뿌려 1시간 정도 절인다.

5 양념 주머니에 고춧가루, 다진 마늘, 다진 생강을 넣고 맛국물을 붓는다.

6 배는 믹서에 갈아서 양념 주머니에 넣는다.

7 밥은 믹서에 생수 2컵과 함께 넣어 곱게 갈아 양념 주머니에 넣는다.

8 초피액젓, 새우젓, 소금을 넣어 간을 맞춘다.

9 항아리에 알배추, 무, 알배추, 무, 갓, 쪽파, 알배추, 무 순으로 넣는다.

10 김치 국물을 붓는다.

11 알배추를 뒤집어 넣는다.

12 맨 위에 갓을 넣는다.

13 양념 주머니를 얹고 돌멩이로 누른다.

14 비닐을 덮고 고무줄로 묶어 시원한 곳이나 그늘에 10일 정도 두었다가 먹는다.

일주일에서 40일 정도 맛있게 먹을 수 있다.

쪽파 김치

봄과 가을에는 쪽파가 많이 나온다. 여름이 지나고 가을 김장을 하기 전에 쪽파 김치를 담가 두면 반찬 걱정을 덜어준다.

노고추 음식공방의 비법
쪽파김치는 바로 먹어도, 익혀 먹어도 맛있다. 겨울이 지나고 초봄에 나오는 파를 움파라고 하는데, 초봄에 나오는 움파는 점액이 많고 단맛이 있다.

담그는 법

4인 가족 15일 치

주재료
쪽파 1kg

양념 재료
고춧가루 120g
생강즙 1큰술(10g)
새우젓 3큰술(60g)
뻑뻑젓 100g
매실청 3큰술(30g)
통깨 4큰술(20g)

1 쪽파는 손질하여 물에 깨끗이 씻어 체에 밭쳐 물기를 뺀다.

2 쪽파에 뻑뻑젓과 새우젓을 넣고 버무린다. 뿌리에 먼저 젓갈을 끼얹어 숨을 죽인 다음 나머지 양념을 버무리면 된다.

3 볼에 고춧가루, 생강즙, 매실청, 통깨를 넣어 섞는다.

4 나머지 양념을 넣고 버무려 김치통에 담아 바로 냉장 보관한다.

쪽파 이야기

쪽파는 뿌리가 둥그스름한 편이고 실파는 일자이다. 쪽파는 잎이 연하고 뿌리가 너무 크지 않고 일정한 것으로 고른다.

20일에서 40일 정도 맛있게 먹을 수 있다.

가을 부추김치

가을 부추는 수분이 부족하다. 그래서 양념을 만들 때 양파와 사과를 갈아 넣으면 촉촉한 부추김치를 맛볼 수 있다. 또 찹쌀풀은 약간 묽게 끓여 넣어야 더 맛있다. 부추김치는 바로 먹어도 맛있고 익혀서 먹어도 맛있다.

담그는 법

30인분

재료
부추 500g
당근 1개(150g)
새우젓 1큰술(20g)
뻑뻑젓 4큰술(40g)
생강즙 1/2큰술(5g)
고춧가루 50g
양파 1개(190g)
통깨 4큰술(20g)

대체 식재료
뻑뻑젓 ▶ 초피액젓, 멸치액젓

1 부추는 다듬어 4~5cm 길이로 썬다.

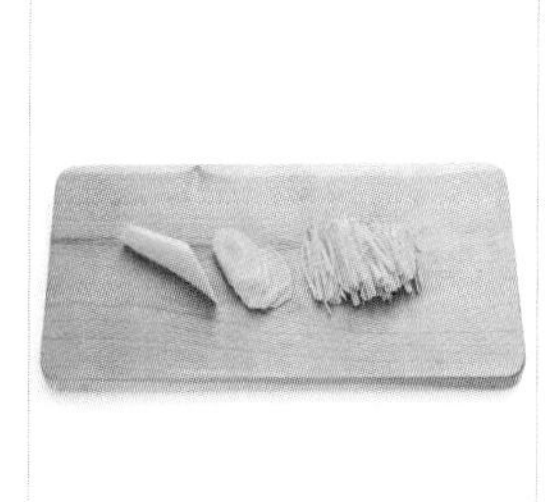

2 당근은 껍질을 벗겨 곱게 채 썬다.

3 새우젓, 뻑뻑젓, 생강즙을 준비한다.

4 고춧가루를 준비한다.

5 양파는 강판이나 믹서에 간다.

6 큰 볼에 모든 재료를 넣고 버무린다.

7 마지막으로 통깨를 넣고 살살 버무린 다음 김치통에 담아 바로 냉장 보관한다.

10일에서 40일 정도 맛있게 먹을 수 있다.

알배추 두 포기 물김치

알배추는 쌈배추 알배기라고도 부른다. 일반 배추보다 크기가 작고 푸른 잎이 없으며 배추속이 연하고 고소하다. 물김치, 겉절이, 쌈 등으로 많이 사용하는데 배추가 작아서 요리 하기 편하다.

어린이 김치 추천

노고추 음식공방의 비법

이 물김치에는 단단한 사과를 쓴다.
또 알배추는 마트나 시장에 가면 거의 일 년 내내 살 수 있다.

담그는 법

4인 가족 한 달 치

주재료
알배추 500g(1포기 정도)
굵은소금(천일염) 30g
무 500g
사과 2개
쪽파 50g
다진 마늘 1큰술
다진 생강 1작은술
배 1/2개

밀가루풀물 재료
물 1ℓ
밀가루 1큰술(15g)

대체 식재료
밀가루 ▶ 감자, 밥

1 알배추는 깨끗이 씻어 굵은소금에 1시간 정도 절여 씻어 물기를 뺀다.

2 냄비에 물 1ℓ와 밀가루를 넣고 중간 불로 저어 가며 끓이다가 끓기 시작하면 불을 끄고 식힌다.

3 절인 배추는 가로, 세로 1.5cm 크기로 썬다.

4 무는 가로, 세로 1cm 크기, 0.5cm 두께로 썬다.

5 사과는 가로, 세로 1cm 크기, 0.5cm 두께로 썬다.

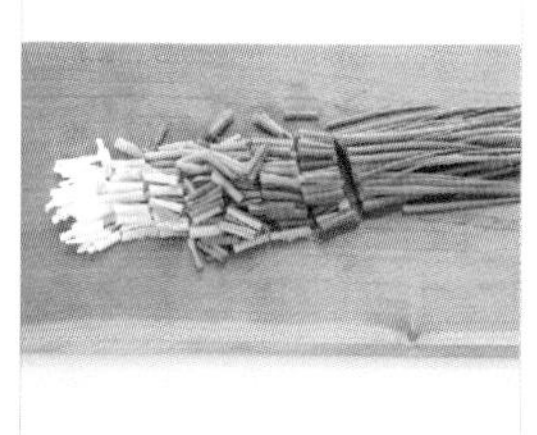

6 쪽파는 0.5cm 길이로 썬다.

7 다진 마늘과 다진 생강을 준비하여 면주머니에 넣는다.

8 배는 강판이나 믹서에 갈아 즙을 만든다.

9 큰 볼에 모든 재료와 쪽파, 풀물을 넣고 가볍게 버무린다. 김치통에 담아 실온에 2~3일 두었다가 냉장 보관한다.

10일에서 40일 정도 맛있게 먹을 수 있다.

알배추 나박 물김치

알배추는 부드럽고 아삭한 식감이 있어 아이들이 먹기에 좋다. 이 물김치에는 배를 큰 것을 넣어 국물을 달콤하게 만들면 아이들이 좋아한다.

어린이 김치 추천

담그는 법

20인분

주재료
알배추 1포기
무 500g
굵은소금(천일염) 15g
배(큰 것) 1개
사과 1/2개
양파 1/2쪽
갓 30g
쪽파 30g
미나리 30g

양념 재료
다진 마늘
1큰술+1/2큰술(30g)
다진 생강 1큰술(10g)
초피액젓 50g

국물 재료
물(생수) 1ℓ
찬밥 60g

대체 식재료
찬밥 ▶ 밀가루풀물

1 배추와 무는 가로, 세로 2cm 크기로 썬다.

2 배추와 무는 굵은소금을 뿌려 1시간 정도 절인다. 절인 배추와 무는 물에 씻지 않는다.

3 믹서에 물 1ℓ와 찬밥을 넣고 믹서에 곱게 갈아 절인 배추와 무에 붓는다.

▶

4 배, 사과, 양파는 믹서에 갈아 면주머니에 넣어 국물을 짠다. 다진 마늘과 다진 생강은 그대로 면주머니에 넣는다.

5 갓, 쪽파, 미나리는 4~5cm 길이로 썰어 넣고 초피액젓을 넣는다.

6 김치통에 담고 면주머니를 얹는다.

7 누름판으로 눌러 바로 냉장 보관한다.

5일에서 30일 정도 맛있게 먹을 수 있다.

겨울 영양 백김치

백김치는 고춧가루를 넣지 않고 하얗게 담근 김치를 말한다. 고춧가루를 쓰지 않아 담백하면서도 시원한 맛이 나기 때문에 남녀노소뿐 아니라 외국인까지 누구나 즐길 수 있는 김치이다.

어린이 김치 추천

노고추 음식공방의 비법
갖은 재료가 들어간 백김치는 시원한 맛과 감칠맛이 있다.
백김치는 빨리 시어지므로 자주 담그는 것이 좋다.

담그는 법

4인 가족 한 달 치

주재료
배추 2포기(7kg 정도)
무 500g
갓 100g
미나리 100g
쪽파 100g
밤 200g
대추 50g
배 1개

절임물 재료
물 4ℓ
굵은소금 4컵

찹쌀죽 재료
찹쌀 100g
맛국물 5컵

양념 재료
마른 청각 20g
새우젓 1컵(200g)
다진 마늘 4큰술(80g)
다진 생강 1큰술(10g)
초피액젓 5큰술(50g)

대체 식재료
초피액젓 ▶ 까나리액젓

★ 무는 갈아서 넣으면 국물이 깔끔하다.

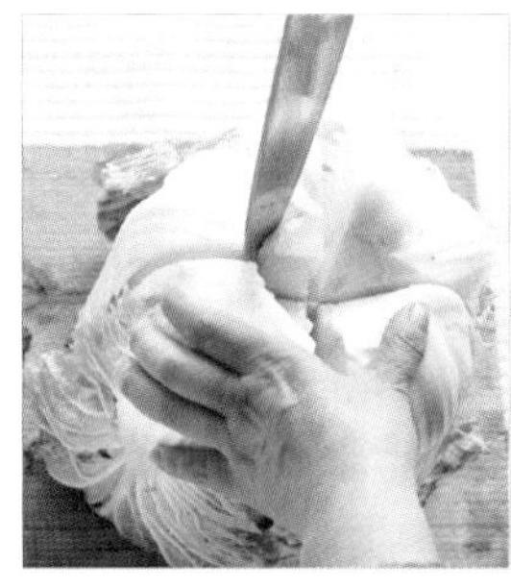

1 배추는 다듬어 밑동을 도려내고 4등분으로 칼집을 넣는데 이때 완전히 자르지 말고 1/3 정도까지만 칼집을 넣는다(★50쪽 김장 배추 절이기 참조).

2 절임물(물 4ℓ, 굵은소금 4컵)에 배추를 8~9시간 정도 절여 배추를 헹궈 소쿠리에 밭쳐 물기를 뺀다(★50쪽 김장 배추 절이기 참조).

3 마른 청각은 물에 20분 정도 불려 깨끗이 헹궈 곱게 다진다.

4 무는 채 썰고 갓, 미나리, 쪽파는 2~3cm 길이로 썰고 밤, 대추, 배는 곱게 채 썰어 큰 그릇에 담는다. 찹쌀죽은 압력솥에 쑤어 식혀서 넣고 새우젓을 넣는다.

5 소 재료에 청각, 다진 마늘, 다진 생강, 초피액젓을 넣어 버무린다.

6 배추에 켜켜이 소를 넣어 김치통에 담는다. 실온에 2~3일 익혔다가 맛이 들면 냉장 보관한다.

백김치 이야기

어릴 적 백김치를 여러 가지 재료를 넣지 않고 마늘과 생강만을 넣어 조금 짜게 담가 봄이 올 때까지 맛있게 먹었던 기억이 있다.

두 달 정도 맛있게 먹을 수 있다.

생굴 배추김치

굴김치는 시원하고 담백하며 바다 향과 함께 먹는 맛이 일품이다. 바다의 우유라 불리는 굴은 여러 가지 요리를 할 수 있다. 굴국, 굴떡국, 굴전, 굴무침 등 향기가 좋아 다양하게 요리해 먹는다.

노고추 음식공방의 비법
굴은 탱글탱글하고 검은 선이 선명할수록 신선하다.

담그는 법

4인 가족 한 달 치

주재료
배추 2포기(7kg 정도)
생굴 500g
무 1/3개(400g)
배 1/2개
갓 100g
미나리 50g
쪽파 50g

절임물 재료
물 4ℓ
굵은소금 4컵

찹쌀죽 재료
찹쌀 100g
맛국물 4컵

양념 재료
고춧가루 4컵
다진 마늘 4큰술(80g)
다진 생강 2큰술(20g)
초피액젓 10큰술(100g)
새우젓 5큰술(100g)

대체 식재료
초피액젓 ▶ 멸치액젓, 까나리액젓
배 ▶ 유기농 설탕, 매실청

1 배추는 다듬어 밑동을 도려내고 4등분으로 칼집을 넣는데 이때 완전히 자르지 말고 1/3 정도까지만 칼집을 넣는다(★50쪽 김장 배추 절이기 참조).

2 절임물(물 4ℓ, 굵은소금 4컵)에 배추를 8~9시간 정도 절여 배추를 헹궈 소쿠리에 밭쳐 물기를 뺀다(★50쪽 김장 배추 절이기 참조).

3 굴은 옅은 소금물에 흔들어 씻어 체에 담아 물기를 빼고 무와 배는 채 썰고 갓, 미나리, 쪽파는 2~3cm 길이로 썬다.

4 찹쌀죽을 쑤어 식힌 다음 채 썬 무, 고춧가루, 다진 마늘, 다진 생강, 초피액젓, 새우젓을 넣고 섞는다.

5 큰 그릇에 찹쌀죽과 양념, 무채, 배채, 갓, 미나리, 쪽파, 굴을 넣고 버무린다.

6 배추에 켜켜이 소를 넣고 김치통에 담아 바로 먹거나 이틀 정도 실온에서 익혀 냉장 보관한다.

생굴과 배추 이야기

바다의 우유라 불리는 굴은 예부터 임금님께 진상했던 귀한 해산물이다. 요즘은 양식을 해 어디에서나 쉽게 구입할 수 있다. 김장철에 나는 배추는 단단하고 수분이 적으며 단맛과 고소한 맛이 많이 난다. 초겨울부터 초봄에 나는 싱싱한 굴로 김치를 담가 맛과 향을 즐긴다.

한 달 정도 맛있게 먹을 수 있다.

홍시 배추김치

홍시를 김치에 넣으면 감칠맛이 나고 맛도 좋다. 홍시김치는 홍시의 달콤함과 배추의 아삭함이 어우러져 시원하고 톡 쏘는 맛이 있다. 홍시는 샐러드 소스로 이용하고 무채와 무쳐 먹기도 하며 깍두기를 담글 때 써도 맛있다. 또 늦가을에 홍시를 냉동 보관하였다가 여름에 아이스 홍시나 홍시 주스로 만들어 먹어도 좋다.

노고추 음식공방의 비법

홍시 배추김치는 발효가 빨리 되므로 빨리 먹는 것이 좋다. 또 홍시로는 감식초를 만들어도 좋다.

담그는 법

4인 가족 한 달 치

주재료
배추 2포기(7kg 정도)
홍시 2개
무 1/2개(600g 정도)
갓 100g
미나리 70g
쪽파 70g

절임물 재료
물 4ℓ
굵은소금 4컵

찹쌀죽 재료
찹쌀 100g
맛국물 4컵

양념 재료
고춧가루 3컵
다진 마늘 4큰술(80g)
다진 생강 2큰술(20g)
초피액젓 1컵(240g)
새우젓 150g

대체 식재료
초피액젓 ▶ 멸치액젓, 까나리액젓

1 배추는 다듬어 밑동을 도려내고 4등분으로 칼집을 넣는데 이때 완전히 자르지 말고 1/3 정도까지만 칼집을 넣는다(*50쪽 김장 배추 절이기 참조).

2 절임물(물 4ℓ, 굵은소금 4컵)에 배추를 8~9시간 정도 절여 배추를 헹궈 소쿠리에 밭쳐 물기를 뺀다(*50쪽 김장 배추 절이기 참조).

3 찹쌀은 물에 3시간 정도 불린 다음 건져 물기를 빼서 맛국물을 넣고 주걱으로 저어가며 중간 불에서 20분 정도 죽을 쑤어 식힌다.

4 홍시는 껍질을 벗기고 씨도 빼낸 후 으깬다.

5 무는 채 썰고 갓, 미나리, 쪽파는 2~3cm 길이로 썰어 큰 그릇에 담고 홍시를 넣는다.

6 고춧가루, 다진 마늘, 다진 생강, 초피액젓, 새우젓을 넣어 버무리고 배추에 켜켜이 넣어 김치통에 담는다. 실온에서 2일 정도 익혀 맛이 들면 냉장 보관한다.

홍시 이야기

감은 '반시', '단감', '토종감', '대봉감', '귀감' 등 여러 종류가 있다. 반시는 감에 씨가 없고 토종감은 반시처럼 둥글게 생겼다. 대봉감은 크기가 가장 크며 항아리처럼 생겼다. 귀감은 작고 대추처럼 생겼다. 이 감들은 홍시가 되기 전에는 떫은맛이 난다. 단감은 단단해도 떫은맛이 없고 달다. 김치를 담글 때는 토종감이나 대봉감이 좋다.

한 달 정도 맛있게 먹을 수 있다.

대추 배추김치

대추 배추김치는 익을수록 대추의 단맛과 감칠맛을 즐길 수 있다. 대추는 따뜻한 성질이 있어 김치를 담가 바로 먹어도 좋다. 대추는 차, 떡, 약밥 등 여러 가지 요리를 하는 데 쓰인다.

노고추 음식공방의 비법

대추에서 단맛이 나므로 매실이나 배를 넣지 않아도 된다.

담그는 법

4인 가족 한 달 치

주재료
배추 2포기(7kg 정도)
무 1/2개(600g 정도)
갓 100g
미나리 70g
쪽파 70g

절임물 재료
물 4ℓ
굵은소금 4컵

대추 찹쌀죽 재료
찹쌀 100g
맛국물 4컵(720g)
대추 150g

양념 재료
고춧가루 3컵
초피액젓 1컵(240g)
새우젓 150g
다진 마늘 4큰술(80g)
다진 생강 2큰술(20g)

대체 식재료
초피액젓 ▶ 까나리액젓, 멸치액젓

1 찹쌀은 물에 3시간 정도 불린 다음 건져 물기를 빼서 냄비에 맛국물, 씨를 뺀 대추와 함께 넣고 주걱으로 저어가며 중간 불에서 20분 정도 쑤어 식힌다. 압력솥을 사용해도 좋다.

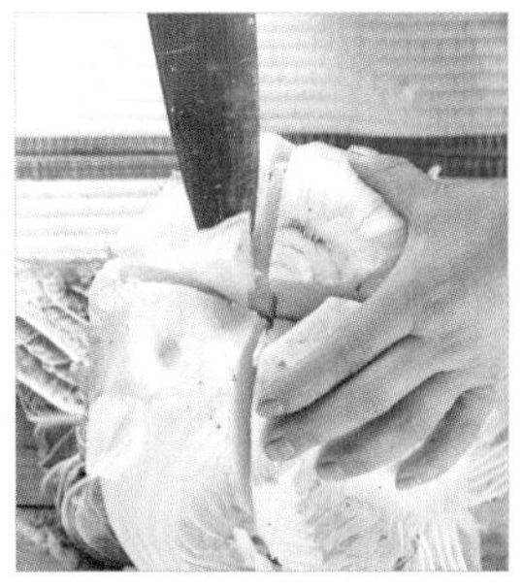

2 배추는 다듬어 밑동을 도려내고 4등분으로 칼집을 넣는데 이때 완전히 자르지 말고 1/3 정도까지만 칼집을 넣는다(★50쪽 김장 배추 절이기 참조).

3 절임물(물 4ℓ, 굵은소금 4컵)에 배추를 8~9시간 정도 절여 배추를 헹궈 소쿠리에 밭쳐 물기를 뺀다(★50쪽 김장 배추 절이기 참조).

4 무는 채 썰어 큰 그릇에 담고 대추 찹쌀죽을 넣어 섞는다.

5 갓, 미나리, 쪽파는 2~3cm 길이로 썰어 ④에 담고 고춧가루, 초피액젓, 새우젓, 다진 마늘, 다진 생강을 넣고 버무린다.

6 배추 사이사이에 소를 채워 김치통에 담아 실온에서 4~5일 정도 익혀 냉장 보관한다.

대추 이야기
대추는 껍질이 깨끗하고 윤기가 많이 나는 것이 상품이며 익은 대추는 색이 붉고 주름은 적은 것으로 고른다. 대추는 깨끗이 씻어 사용하는 것이 좋다.

한 달 정도 맛있게 먹을 수 있다.

톳 배추김치

해물을 쓰지 않고 톳만 넣어도 시원한 맛을 낼 수 있다. 생톳은 데쳐서 담그기도 하지만 생것을 넣으면 바다 향이 나면서 맛도 시원하다. 바다 향기가 물씬 나는 톳나물은 말려서 먹기도 하며 톳밥, 톳나물 등 여러 가지로 요리할 수 있다.

노고추 음식공방의 비법
말린 톳은 김치에 적합하지 않다.

담그는 법

4인 가족 한 달 치

주재료
배추 2포기(7kg 정도)
무 1/2개(500g 정도)
배 1개
미나리 50g
쪽파 50g
생톳 300g

절임물 재료
물 4ℓ
굵은소금 4컵

찹쌀죽 재료
찹쌀 100g
맛국물 3컵

양념 재료
고춧가루 4컵
다진 마늘 4큰술(80g)
다진 생강 2큰술(20g)
초피액젓 1컵(240g)
뻑뻑젓 1컵(220g)

대체 식재료
초피액젓 ▶ 까나리액젓
뻑뻑젓 ▶ 멸치액젓

1 배추는 다듬어 밑동을 도려내고 4등분으로 칼집을 넣는데 이때 완전히 자르지 말고 1/3 정도까지만 칼집을 넣는다(★50쪽 김장 배추 절이기 참조).

2 절임물(물 4ℓ, 굵은소금 4컵)에 배추를 8~9시간 정도 절여 배추를 헹궈 소쿠리에 밭쳐 물기를 뺀다(★50쪽 김장 배추 절이기 참조).

3 찹쌀은 물에 3시간 정도 불린 다음 건져 물기를 빼서 맛국물을 넣는다. 끓기 시작하면 주걱으로 저어가며 중간 불에서 20분 정도 쑤어 식힌다.

4 무와 배는 곱게 채 썰고 미나리와 쪽파는 2~3cm 길이로 썬다.

5 큰 그릇에 무, 배, 미나리, 쪽파, 찹쌀죽, 고춧가루, 다진 마늘, 다진 생강, 초피액젓, 뻑뻑젓을 넣는다. 톳은 흐르는 물에 주물러 깨끗이 씻은 다음 물기를 빼고 3~4cm 길이로 잘라 재료와 버무린다.

6 배추에 소를 넣어 김치통에 담아 실온에서 2~3일 정도 익혀 냉장 보관한다.

한 달 정도 맛있게 먹을 수 있다.

톳이야기
바다의 보약이라 불리는 톳은 밤송이 같은 모양으로 줄을 이어 자란다. 톳은 건조된 톳과 생톳이 있다. 김치에는 생톳을 사용해야 향이 진하고 시원한 맛이 난다.

청방 배추김치

속이 차기 전에 담그는 청방김치는 고소한 맛이 일품이다. 그러나 청방배추가 어린 배추이긴 하지만 그다지 연하지는 않다. 청방배추는 경상도 지방에서 많이 먹는다. 청방배추김치에 깊은 맛이 나는 빽빽젓과 매운 고추를 넣어 그 맛을 즐긴다.

노고추 음식공방의 비법

창방배추김치에는 고춧가루를 쓰지 않고 홍고추를 갈아 넣으면 단맛이 나면서 시원하다. 쪽파를 짤막하게 썰어 소 재료에 버무려도 맛있다.

담그는 법

20인분

주재료
청방배추 2kg
무(간 것) 300g

절임물 재료
물 1ℓ
굵은소금 1컵

찹쌀풀 재료
찹쌀가루 4큰술
맛국물 1컵

양념 재료
고춧가루 1컵(100g)
다진 마늘 3큰술(60g)
다진 생강 1큰술(10g)
초피액젓 7큰술(70g)
새우젓 2큰술(40g)
매실청 2큰술(20g)

대체 식재료
초피액젓 ▶ 까나리액젓, 멸치액젓

1 배추는 겉잎을 떼어내고 반으로 자른다.

2 물 1ℓ에 굵은소금 1컵을 잘 녹여 배추를 1시간 정도 절인 다음 뒤집어 다시 1시간 정도 절인다. 깨끗이 헹궈 물기를 뺀다.

3 무는 강판에 간다.

4 찹쌀풀을 쑤어 식힌 다음 간 무와 함께 준비한다.

5 무즙, 찹쌀풀, 고춧가루, 다진 마늘, 다진 생강, 초피액젓, 새우젓, 매실청을 섞는다.

6 배추에 양념을 넣고 살살 버무려 김치통에 담고 실온에서 하루 정도 익혀 냉장 보관한다.

한 달 정도 맛있게 먹을 수 있다.

청방배추 이야기

청방배추는 늦여름에 파종하여 김장철이 되기 전까지 나온다. 김장용 배추와는 종자가 다르고 속이 꽉 차지 않으며 속은 노랗고 겉잎은 푸르다.

겨울 깍두기

겨울 깍두기를 담글 때는 겨울무가 아삭하고 달기 때문에 소금에 절이지 않고 바로 버무려야 한다. 이렇게 하면 아삭한 맛이 일품이다. 김장을 하고 남은 재료로 만드는 깍두기도 맛있다.

노고추 음식공방의 비법

겨울무라고도 하는 김장무는 단맛이 있어 소금에 절이지 않고 바로 담근다. 찹쌀가루 대신 찹쌀로 죽을 쑤어 넣어도 좋다.

담그는 법

10인분

주재료
무(작은 것) 1개(1.5kg 정도)
배 1/2개
갓 30g
미나리 30g
쪽파 30g

찹쌀풀 재료
물 1컵
찹쌀가루 2큰술

양념 재료
고춧가루 4큰술(40g)
다진 마늘 1큰술+1/2큰술(30g)
다진 생강 1큰술(10g)
새우젓 2큰술(40g)
소금 20g

1 무는 껍질째 깨끗이 씻어 깍둑 썰고 배는 갈아서 즙을 짠다.

2 찹쌀풀을 쑤어 식힌다.

3 갓, 미나리, 쪽파는 2~3cm 길이로 썰어 배즙, 찹쌀풀, 고춧가루, 다진 마늘, 다진 생강, 새우젓을 넣어 섞는다. 무를 넣고 버무려 김치통에 담아 실온에서 2~3일이 지나면 냉장 보관한다.

김장무 이야기

겨울무는 밑부분이 둥글고 통통하며 윤기가 나고 싱싱한 무청이 달려 있는 것을 고른다. 무는 윗부분이 푸른색이 많을수록 단맛이 난다. 무는 황토에서 자란 것이 좋다.

한 달 정도 맛있게 먹을 수 있다.

청갓 김치

요즘 시장이나 마트에서 쉽게 볼 수 있는 갓은 봄과 가을, 일 년에 두 번 나온다. 그래서 봄에 한 번, 가을에 한 번 별미 김치로 담가 먹으면 좋다.

노고추 음식공방의 비법
갓김치는 익어야 맛있다. 익지 않으면 갓 특유의 매운맛이 강하다.

담그는 법

4인 가족 한 달 치

주재료
청갓 3단(3kg)
무 500g
양파 2개
배 1개
쪽파 1단

양념 재료
고춧가루 2컵(200g)
다진 마늘 3/4컵(150g0
다진 생강 2큰술(20g)
새우젓 1/4컵(50g)
뻑뻑젓 200g
찹쌀죽 2컵(400g)

절임물 재료
물 5ℓ
굵은소금(천일염) 4컵

대체 식재료
배 ▶ 사과

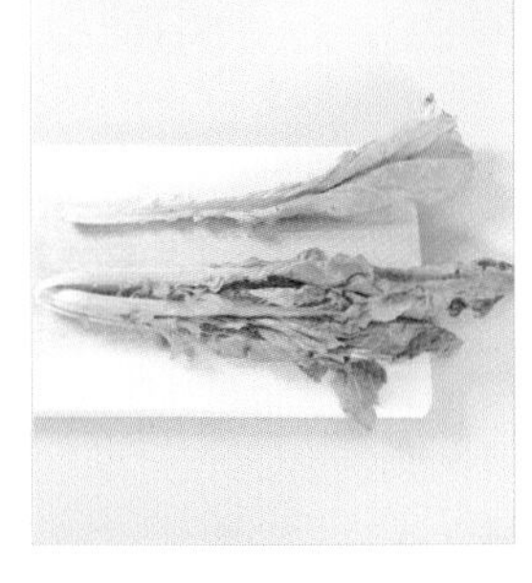

1 청갓은 누런 잎을 떼어 내고 다듬는다.

2 물 5ℓ에 굵은소금 3컵을 넣고 녹인다.

3 청갓을 소금물에 넣어 한번 적신 다음 줄기 부분에 소금 1컵을 뿌려 절인다.

4 2시간 정도 지나면 갓을 뒤집는다.

5 다시 3시간 정도 지나면 흐르는 물로 3~4번 씻어 소쿠리나 체에 밭쳐 4~5시간 정도 물기를 뺀다.

6 무, 양파, 배는 껍질을 벗기고 강판에 간다.

7 쪽파는 깨끗이 다듬어 씻는다.

8 볼에 고춧가루, 다진 마늘, 다진 생강, 새우젓, 뻑뻑젓, 찹쌀죽과 무와 배, 양파 간 것을 넣어 섞는다.

9 양념에 청갓과 쪽파를 넣고 버무려 김치통에 넣는다. 실온에 일주일 정도 두었다가 냉장 보관한다.

15일에서 70일 정도 맛있게 먹을 수 있다.

청갓 이야기
갓은 청갓, 홍갓, 돌산갓이 있다. 청갓과 홍갓은 김장 양념으로 많이 쓰이는데, 김치를 담가도 맛있다.

고들빼기 김치

가을에 나오는 고들빼기는 4~5일 정도 소금물에 담가 쓴맛을 빼고 김치를 담근다. 어느 정도의 쌉싸래한 맛이 남아있지만, 오히려 그런 쌉싸래한 맛이 입맛을 돋우는 가을 별미다.

노고추 음식공방의 비법
가을 고들빼기는 가을에 소금을 넉넉히 넣어 삭혀 두면 겨우내 먹을 수 있다.

담그는 법

4인 가족 한 달 치

주재료
고들빼기(다듬은 것) 1.3kg
쪽파 100g
통깨 6큰술(30g)

절임물 재료
물 2ℓ
굵은소금(천일염) 1컵

양념 재료
고춧가루 1컵(100g)
다진 마늘
2큰술+1/2큰술(50g)
다진 생강 1큰술(10g)
뻑뻑젓 5큰술(50g)
매실청 70g
찹쌀죽 1/2컵

대체 식재료
뻑뻑젓 ▶ 초피액젓,
멸치액젓

1 고들빼기는 누런 잎을 떼어내고 뿌리와 줄기 사이를 다듬는다.

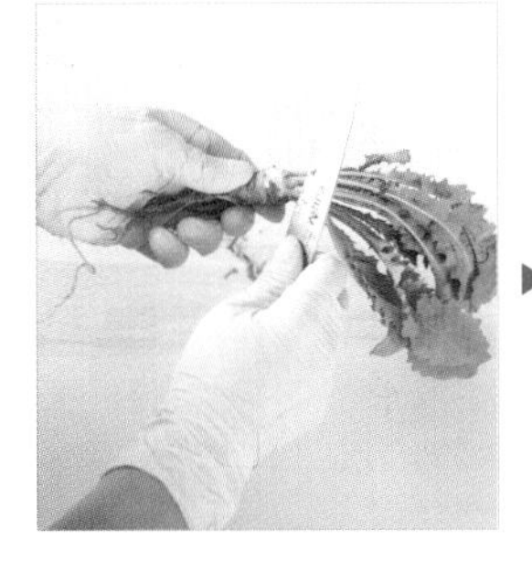

2 고들빼기의 껍질을 긁어내고 잔뿌리를 떼어 낸다.

3 물 2ℓ에 굵은소금 1컵을 넣어 녹인 소금물에 고들빼기를 넣고 누름판으로 눌러 2~3일 정도 삭힌다.

4 2~3일 삭힌 모습.

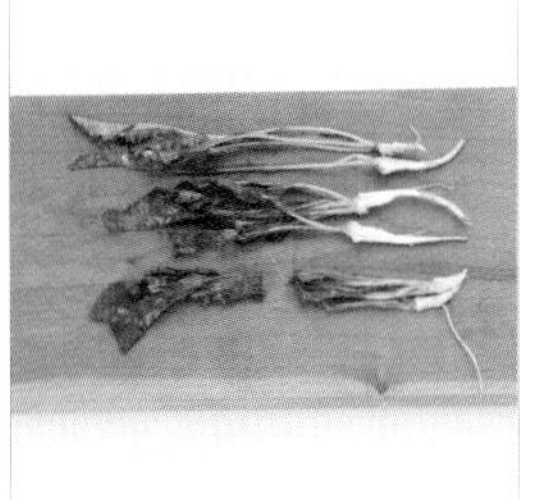

5 삭힌 고들빼기를 물에 씻어 먹기 좋은 크기로 자른다. 쪽파는 4~5cm 길이로 썬다.

6 고춧가루, 다진 마늘, 다진 생강, 뻑뻑젓, 매실청, 찹쌀죽, 통깨를 준비한다. 큰 볼에 양념 재료를 모두 넣고 섞은 다음 쪽파를 넣어 버무리고 고들빼기를 넣어 버무린 다음 통깨를 뿌린다.

고들빼기 이야기
고들빼기는 천연 인슐린이라는 이눌린을 풍부하게 함유하여 혈당 조절에 효능이 있는 것으로 알려져 있다.

5일에서 30일 정도 맛있게 먹을 수 있다.

겨울 알타리김치

'알타리', '총각무', '달랑이 무' 등 지방마다 부르는 이름도 다르고 품종도 다르다. 김장철에 나오는 알타리는 단단하고 단맛이 있으며 아삭한 식감이 살아 있어 오래두고 먹어도 된다.

노고추 음식공방의 비법
알타리를 절일 때는 통으로 절여야 단맛과 식감이 산다.

담그는 법

4인 가족 한 달 치

주재료
알타리 2단
배 1개
쪽파 100g

양념 재료
고춧가루 10큰술
다진 마늘 2큰술
다진 생강 1/2큰술
초피액젓 5큰술
새우젓 4큰술
찹쌀죽 2컵

절임물 재료
생수 5컵
굵은소금 1컵

대체 식재료
초피액젓 ▶ 까나리액젓
배 ▶ 매실청

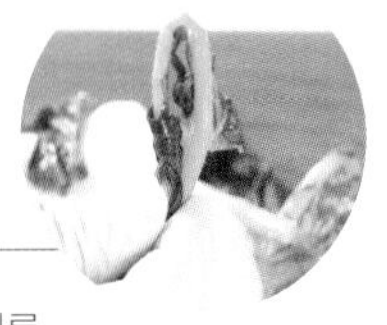

알타리 줄기를 손으로 꺾어 보아 부러지지 않고 휘어지면 다 절여진 것이다.

1 알타리는 겉잎을 떼어내고 필러로 껍질을 벗겨 물에 씻는다.

2 큼직한 볼에 생수와 굵은소금을 넣고 알타리를 넣어 2시간 정도 절인다.

3 1시간 정도 지나면 위아래를 뒤집는다.

4 다시 1시간이 지나면 물에 씻어 체에 밭쳐 물기를 뺀다.

5 알타리에 열십자로 칼집을 넣는데, 끝까지 자르지 않도록 주의한다.

6 볼에 고춧가루, 다진 마늘, 다진 생강, 초피액젓, 새우젓, 찹쌀죽을 넣어 섞는다.

7 배는 껍질을 깎아 채 썰고, 쪽파는 2cm 길이로 썰어 양념에 넣어 버무린다.

8 알타리에 양념을 골고루 바르고 무청으로 돌돌 만다. 실온에 10일 정도 두었다가 냉장 보관한다.

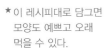

10일에서 60일 정도 맛있게 먹을 수 있다.

★ 이 레시피대로 담그면 모양도 예쁘고 오래 먹을 수 있다.

수박무 깍두기

수박무는 항산화 성분이 많고 식이 섬유가 풍부하여 혈당을 억제하며 풍부한 비타민과 미네랄 성분들은 혈액 순환을 도와 노화를 막아준다고 한다. 성장기 아이들에게도 도움이 된다고 하여 아이들이 잘 먹는 깍두기를 담갔다.

어린이 김치 추천

노고추 음식공방의 비법

이 레시피는 양이 조금 많은 편이므로 취향에 따라 무의 양을 줄여도 좋다.
또 아이들의 식성에 따라 무 크기를 달리해도 좋다.

담그는 법

20인분

주재료
수박무 5개(1.9kg)
배 1/2개
사과 1/2개
쪽파 100g
청각 100g

양념 재료
다진 마늘 2큰술(40g)
다진 생강 1큰술(10g)
초피액젓 3큰술(30g)
새우젓 1큰술+1/2큰술(30g)
찹쌀죽 1컵
소금 15g

1 수박무는 껍질을 벗긴다.

2 수박무는 아이들이 먹기 좋은 크기로 썬다.

3 배와 사과는 깍둑 썬다. 쪽파는 송송 썬다.

4 다진 마늘, 다진 생강, 초피액젓, 새우젓과 찹쌀풀을 준비한다.

5 큼직한 볼에 양념 재료를 넣은 다음 간을 보아 소금을 더 넣는다. 수박무, 배, 사과, 쪽파를 넣고 버무려 김치통에 담아 바로 냉장 보관한다.

수박무 이야기

수박무의 겉은 일반 무처럼 하얗지만 속은 수박처럼 빨갛고 단단하다.

10일에서 40일 정도 맛있게 먹을 수 있다.

수박무 물김치

수박무는 겉은 무처럼 생기고 속은
수박처럼 빨갛다고 하여 수박무라고 한다.
일반무보다 단단하고 더 달다.

어린이 김치 추천

노고추 음식공방의 비법
아이들이 먹을 김치는 밀가루풀물보다
밥이나 감자, 보릿가루로 풀을 쑤는 것이 좋다.

담그는 법

20인분

주재료
수박무 1개
알배추 1/2쪽
굵은소금(천일염) 20g
쪽파 100g
미나리 100g

밥풀물 재료
생수 1ℓ
밥 2큰술

양념 재료
다진 마늘 2큰술(40g)
다진 생강 1큰술(10g)
초피액젓 3큰술(30g)

1 수박무는 깨끗이 씻어 껍질을 벗기고 나박하게 썬다.

2 알배추 깨끗이 씻어 나박하게 썬다.

3 큼직한 볼에 수박무와 알배추를 넣고 굵은소금에 1시간 정도 절인다.

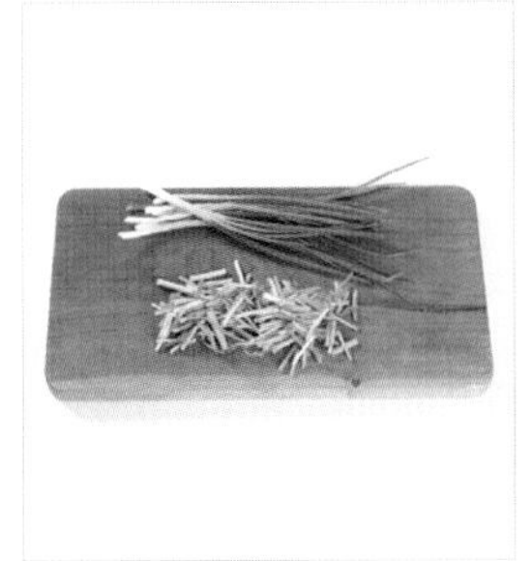

4 쪽파와 미나리는 3~4 cm 길이로 썬다.

5 면주머니에 다진 마늘과 다진 생강을 넣는다.

6 믹서에 생수 1ℓ와 밥을 넣어 곱게 갈아 ⑤에 넣는다.

7 김치통에 담아 누름판으로 눌러 실온에 5~6일 정도 두었다가 냉장 보관한다.

5일에서 30일 정도 맛있게 먹을 수 있다.

수박무 고추씨 섞박지

수박무는 과일처럼 깎아 먹기도 하고
걸절이나 동치미 등 여러 요리로 쓰인다.
수박무에 고추씨를 넣으면 무의 단맛과
고추씨의 매운맛으로 입맛을 돋운다.

노고추 음식공방의 비법
무에 단맛이 있어 담가서 바로 먹어도 좋다.

담그는 법

30인분

주재료
수박무 2개
굵은소금(천일염) 1큰술
세발나물 1kg
쪽파 50g

양념 재료
고춧가루 3큰술
고추씨 5큰술
다진 마늘 3큰술(60g)
다진 생강 1큰술(10g)
초피액젓 5큰술(50g)
새우젓 2큰술(40g)
찹쌀죽 1컵

1 수박무는 껍질을 벗기고 나박하게 썬다. 굵은소금을 뿌려 30분 정도 절인다. 절인 무는 씻지 않고 바로 김치를 담근다.

2 양념 재료를 준비한다.

3 세발나물과 쪽파는 깨끗이 씻어 먹기 좋은 크기로 썰어 수박무에 넣는다. 양념도 넣어 버무린다.

4 김치통에 담아 바로 냉장 보관한다.

수박무 이야기

수박무는 생채나 샐러드로 많이 먹는데, 소화가 잘되며 면역력에 도움을 주는 것으로 알려져 있다.

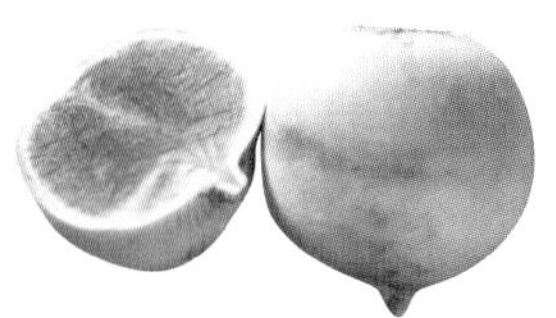

5일에서 40일 정도 맛있게 먹을 수 있다.

낙지 무 섞박지

살아있는 낙지로 담그면 낙지의 신선함과 쫄깃한 맛, 그리고 무의 아삭한 맛까지 더해진다. 낙지 무섞박지의 백미는 여러 재료가 어우러진 시원한 맛이다.

노고추 음식공방의 비법
사계절 담글 수 있지만 낙지가 많이 나는 계절에 담그면 제 맛을 즐길 수 있다.

담그는 법

20인분

주재료
낙지 2마리
굵은소금 약간
무 1kg
굵은소금 2큰술(30g)
쪽파 30g
미나리 30g
배 1/2개

양념 재료
고춧가루 3큰술
다진 마늘 2큰술
다진 생강 1큰술
초피액젓 2큰술
새우젓 1큰술
찹쌀죽 1컵

1 낙지에 굵은소금을 한 줌 넣어 빡빡 주물러 불순물을 빼고 깨끗하게 씻어 물기를 뺀다.

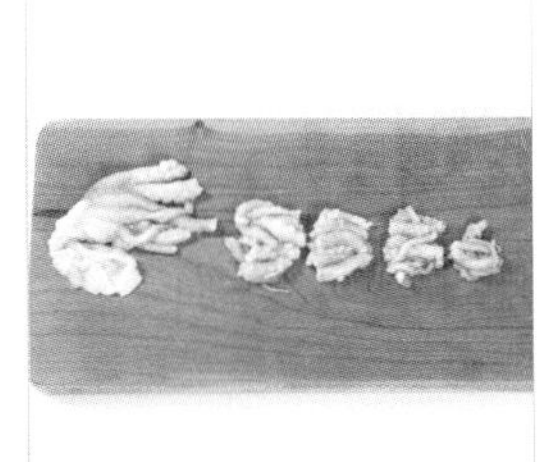

2 낙지는 4~5cm 길이로 먹기 좋게 썬다.

3 무는 가로, 세로 1.5cm 크기로 썰어 굵은소금 2큰술을 넣고 30분 정도 절인다. 물에 한 번만 씻어 1시간 정도 물기를 뺀다.

4 쪽파와 미나리는 4~5cm 길이로 썬다. 고춧가루, 다진 마늘, 다진 생강, 초피액젓, 새우젓, 찹쌀죽을 준비한다.

5 양념 재료에 무, 찹쌀죽을 넣고 버무린다. 배는 채 썰어 쪽파, 미나리, 낙지와 함께 넣고 버무린다. 냉장실에 넣어 바로 먹어도 되고 실온에서 일주일 정도 익혀서 냉장 보관해도 좋다.

5일에서 30일 정도 맛있게 먹을 수 있다.

봄동 김치

'납작 배추'라고도 부르는 봄동은 봄을 가장 먼저 알리는 채소 중 하나다. 봄동은 김장철이 지나고 1월 중순 무렵에 남쪽에서 제일 먼저 나오는데, 단맛이 나고 식감은 아삭하다.

노고추 음식공방의 비법

봄동은 담가서 바로 먹어도 좋고 익혀서 먹어도 좋다.
봄동김치에 세발나물을 넣어도 별미다.

담그는 법

4인 가족 한 달 치

주재료
봄동 5포기
무 1개(500g)
사과 2개
양파 3개

절임물 재료
물 1ℓ
굵은소금(천일염) 1컵

양념 재료
마른 고추 150g
다진 마늘 1/4컵(50g)
다진 생강 1큰술(10g)
뻑뻑젓 5큰술
새우젓 2큰술
찹쌀죽 2컵

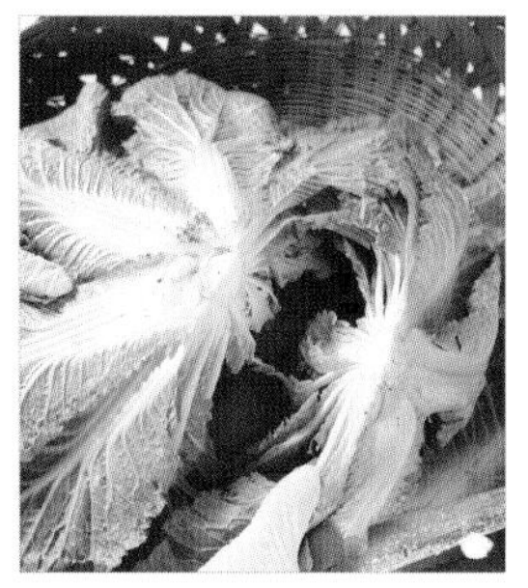

1 봄동은 밑동을 다듬어 반 가른 다음 다시 반으로 잘라 물에 씻는다.

2 물 1ℓ에 굵은소금 1컵을 넣고 녹여 봄동을 넣어 절인다.

3 1시간이 지나면 봄동의 위아래를 뒤집는다.

4 다시 1시간이 지나면 물에 씻어 소쿠리에 담아 물기를 뺀다.

5 마른 고추는 반으로 잘라 씨와 함께 믹서에 넣어 간다.

6 무, 사과, 양파는 깍둑 썰어 믹서에 간다.

7 다진 마늘, 다진 생강, 뻑뻑젓, 새우젓, 찹쌀죽을 준비한다.

8 준비한 재료를 모두 넣어 버무린다.

9 양념에 봄동을 넣어 버무려 김치통에 담아 바로 냉장 보관한다.

10일에서 60일 정도 맛있게 먹을 수 있다.

봄동 이야기
봄동은 비타민A가 풍부하여 빈혈, 동맥경화, 노화방지 등에 효과적이라고 한다.

삭힌 고들빼기 김치

가을 시장에 나가면 고들빼기가 나온다. 고들빼기를 소금물에 일주일에서 열흘 정도 담가 두면 쓴맛이 빠지면서 색깔이 누런색으로 바뀌는데 이 삭힌 고들빼기로 김치를 담그면 가을 별미 김치 중 별미가 된다. 만들기는 번거롭지만 맛이 좋다.

노고추 음식공방의 비법
생고들빼기는 삭히지 않으면 쓴맛이 강하다.
고들빼기김치는 담가서 냉장 보관하면 오래 두고 먹을 수 있다.

담그는 법

30인분

주재료
삭힌 고들빼기 1단(1.6kg 정도)
쪽파 50g

찹쌀풀 재료
맛국물 2컵
찹쌀가루 5큰술

양념 재료
고춧가루 2컵(200g)
다진 마늘 3큰술(60g)
다진 생강 1큰술(10g)
초피액젓 160g
매실청 65g
통깨 3큰술

대체 식재료
초피액젓 ▶ 까나리액젓, 멸치액젓

1 고들빼기는 삭힌 것으로 준비하여 흐르는 물에 깨끗이 씻은 다음 끓는 물에 30분 정도 삶는다.

2 삶은 고들빼기는 깨끗이 씻어 소쿠리에 밭쳐 1시간 정도 물기를 뺀다.

3 고들빼기의 뿌리 끝과 잔뿌리를 다듬는다.

반으로 자른다.

먹기 좋은 크기로 자른다.

고들빼기 삭히기

고들빼기를 지푸라기 등으로 묶어 소금물에 넣고 돌 등의 무거운 것을 올려 일주일에서 열흘 정도 삭힌다. 고들빼기를 삭히는 **소금과 물의 비율은 10:1이 적당하다.** 삭힌 고들빼기를 구입한다면 잎이 무르지 않고 줄기가 싱싱한 것으로 고른다.

4 찹쌀가루, 맛국물을 냄비에 넣어 끓여서 식힌다.

5 큰 그릇에 고들빼기, 찹쌀풀, 고춧가루, 다진 마늘, 다진 생강, 초피액젓, 매실청, 통깨를 넣어 섞는다

6 쪽파를 2~4cm 길이로 썰어 넣고 버무려 김치통에 담아 바로 냉장 보관한다.

한 달 정도 맛있게 먹을 수 있다.

우엉 김치

우엉은 건강에 좋은 식품으로 알려져 많은 사람들이 찾고 있다. 우엉차를 만들어 즐기기도 하고 전, 튀김, 생채, 잡채, 장아찌 등 여러 가지 요리로 먹기도 한다. 섬유질이 많아 김치를 담그면 아삭아삭 씹히는 식감이 있고, 우엉 특유의 향을 오래 맛볼 수 있다.

노고추 음식공방의 비법

우엉은 수분이 적으므로 너무 되직하게 양념하지 않고 풀을 약간 묽게 쑤어 농도를 조절한다. 우엉을 절일 때 짧게 자르면 우엉의 향긋한 맛이 빠지므로 길쭉하게 잘라 절인 다음 양념할 때 먹기 좋게 한입 크기로 자른다.

담그는 법

20인분

주재료
우엉 1kg
쪽파 100g

절임물 재료
물 5컵
굵은소금 1/2컵(80g)
식초 1/2컵

찹쌀풀 재료
맛국물 1컵
찹쌀가루 3큰술
들깨가루 3큰술

양념 재료
고춧가루 5큰술(50g)
다진 마늘 4큰술(80g)
다진 생강 1/2큰술(5g)
초피액젓 3큰술(30g)
새우젓 2큰술(40g)
멸치가루 2큰술(10g)
매실청 5큰술(50g)

대체 식재료
초피액젓 ▶ 까나리액젓

1 우엉은 칼등으로 껍질을 살살 벗긴다.

2 우엉을 3~4등분하여 1시간 정도 절임물(물 5컵, 굵은소금 1/2컵, 식초 1/2컵)에 절인다. 물에 헹궈 소쿠리에 밭쳐 물기를 뺀다.

3 맛국물, 찹쌀가루, 들깨가루를 넣고 풀을 쑤어 식힌다.

4 쪽파는 2~3cm 길이로 썬다.

5 큰 그릇에 찹쌀풀, 쪽파, 고춧가루, 다진 마늘, 다진 생강, 초피액젓, 새우젓, 멸치가루, 매실청을 넣어 섞는다.

6 우엉을 먹기 좋게 한입 크기로 잘라 넣고 버무려 김치통에 담아 바로 냉장 보관한다.

우엉 이야기
우엉을 고를 때는 중간 크기에 표면이 매끈하고 상처가 없으며 약간 묵직한 것이 좋다. 너무 굵은 것은 바람이 들었을 가능성이 높다. 국산 우엉은 흙이 묻어 있고 수입산은 깨끗이 씻어 판매된다.

한 달 정도 맛있게 먹을 수 있다.

연근 김치

연근은 봄이나 가을에 나오는데 요즘은 저장이 잘되어 한여름만 빼면 구입이 가능하다. 단맛과 아삭한 식감이 있는 연근은 생채, 전, 차, 부각, 조림, 장아찌, 샐러드 등으로 다양하게 요리한다. 가을에 나는 연근이 연해 생으로 담가도 되지만 굵고 큰 것은 살짝 데쳐 요리해도 식감이 있다.

노고추 음식공방의 비법
연근은 끓는 식촛물(물 1컵, 식초 1큰술, 굵은소금 1큰술)에 살짝 데치면 색이 변하는 것을 막을 수 있다.

담그는 법

20인분

주재료
연근 1kg
쪽파 50g

찹쌀풀 재료
맛국물 1컵
찹쌀가루 3큰술
들깨가루 2큰술

양념 재료
고춧가루 3큰술(30g)
다진 마늘 1큰술(20g)
다진 생강 1/2큰술(5g)
초피액젓 5큰술(50g)
매실청 2큰술(20g)

대체 식재료
초피액젓 ▶ 까나리액젓, 멸치액젓

1 연근은 필러로 껍질을 벗기고 얇게 썬다.

2 끓는 물에 연근을 30초 정도 살짝 데친 다음 찬물로 헹궈 소쿠리에 밭쳐 물기를 뺀다.

3 찹쌀풀을 쑤어 식힌다.

4 쪽파는 잘게 썬다.

5 큰 그릇에 연근, 쪽파, 찹쌀풀, 고춧가루, 다진 마늘, 다진 생강, 초피액젓, 매실청을 넣는다.

6 고루 버무려 김치통에 담아 바로 냉장 보관한다.

연근 이야기

연근은 암놈과 수놈이 같이 붙어 자란다. 암놈은 통통하게 생겼으며 연하고 수놈은 길쭉하게 생겼으며 질기다. 연근은 크지 않고 자잘한 것으로 골라 김치를 담그는 것이 좋다.

15일 정도 맛있게 먹을 수 있다.

도라지 김치

도라지는 한방에서는 길경(桔梗)이라고 하며 기침을 가라앉히는 약재로도 쓰인다. 약으로 많이 쓰는 도라지는 뿌리가 희고 곧은 것으로 고른다. 쌉싸래한 맛이 특징인 도라지는 도라지청, 나물, 무침 등 여러 요리에 쓰인다. 특히 닭 요리와도 잘 어울리며 김치를 담가 먹어도 별미다.

노고추 음식공방의 비법

도라지를 소금물에 절이지 않고 바로 담그면 아삭한 식감을 살릴 수 있다. 또 추석 전에 나는 도라지가 껍질이 잘 벗겨진다. 도라지 껍질은 길게 반 갈라 껍질을 벗긴다. 도라지김치는 담가서 바로 먹어도 좋으며 한 달 정도 두고 먹을 수 있다.

담그는 법

20인분

주재료
도라지 1kg
미나리 100g
쪽파 100g

절임물 재료
물 2컵
굵은소금 1/2컵(80g)

찹쌀풀 재료
맛국물 1컵
찹쌀가루 3큰술
들깨가루 2큰술(20g)

양념 재료
고춧가루 4큰술(40g)
다진 마늘 2큰술(40g)
초피액젓 3큰술(30g)
매실청 3큰술(30g)

대체 식재료
초피액젓 ▶ 멸치액젓, 까나리액젓

1 도라지는 껍질을 벗기고 3~4cm 길이로 썬 다음 반으로 자른다.

2 도라지를 절임물(물 2컵, 굵은소금 1/2컵)에 1시간 정도 절여 깨끗이 헹궈 물기를 뺀다.

3 미나리는 깨끗이 씻어 3~4cm 길이로 썬다.

4 쪽파는 깨끗이 씻어 3~4cm 길이로 썬다.

5 찹쌀풀을 쑤어 식힌다. 큰 그릇에 도라지, 미나리, 쪽파, 찹쌀풀, 고춧가루, 다진 마늘, 다진 생강, 초피액젓, 매실청을 넣는다.

6 재료를 버무려 김치통에 담고 바로 냉장 보관한다.

도라지 이야기

도라지는 늦가을이 제철인데, 이른 봄 새싹이 나기 전에 먹는 것이 영양가가 풍부하다. 봄에 새싹이 나고 잎이 나면 성장을 하느라 뿌리와 향이 약해진다.

한 달 정도 맛있게 먹을 수 있다.

더덕 김치

더덕은 1년 중 늦가을과 이른 봄에 향이 가장 강하며 씹으면 씹을수록 향긋함이 있다. 더덕구이, 더덕죽, 더덕생채, 더덕밥 등 다양하게 요리해 먹지만 우유와 함께 믹서에 갈아 마시면 부드러운 맛과 향을 즐길 수 있다. 더덕김치는 가을에 담가 김장김치가 익기 전까지 한 달 정도 별미로 즐길 수 있다.

노고추 음식공방의 비법

냉장 보관하여 바로 먹어도 되는데
김치 국물이 자작할 정도로 촉촉하게 보관해야 잘 익는다.
더덕 껍질은 냉동실에 살짝 얼려 벗기면 잘 벗겨진다.

담그는 법

10인분

주재료
더덕 600g
쪽파 50g

찹쌀풀 재료
찹쌀가루 3큰술
맛국물 1컵
들깨가루 2큰술

양념 재료
고춧가루 3큰술(30g)
다진 마늘 2큰술(40g)
초피액젓 5큰술(50g)
매실청 1큰술(10g)

대체 식재료
쪽파 ▶ 부추
초피액젓 ▶ 멸치액젓, 까나리액젓

1 더덕은 껍질을 벗겨서 어슷하게 썬다.

2 찹쌀풀을 쑤어 식힌다.

3 쪽파는 송송 썬다.

4 큰 그릇에 더덕, 쪽파, 찹쌀풀, 고춧가루, 다진 마늘, 다진 생강, 초피액젓, 매실청을 넣는다.

5 재료를 고루 버무려 김치통에 담고 바로 냉장 보관한다.

더덕 이야기

더덕은 잔뿌리가 적고 몸체가 쭉 뻗은 것, 흰색을 띠고 향이 좋으며 심이 없는 것이 좋다. 껍질을 벗겼을 때 섬유결이 보풀보풀한 것이 상품이다.

한 달 정도 맛있게 먹을 수 있다.

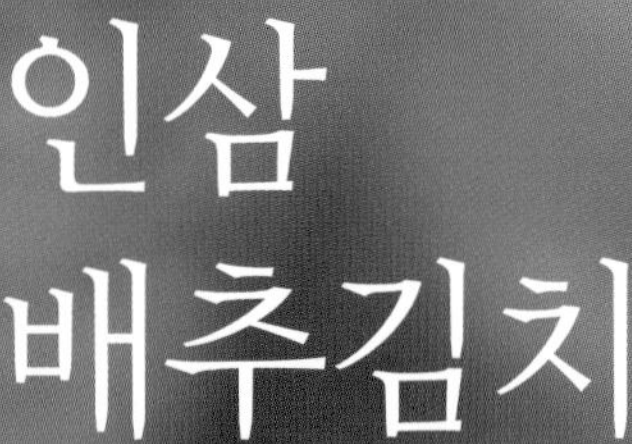

인삼 배추김치

인삼만으로 김치를 담그면 발효 후에 신맛이 강하게 나서 배추와 함께 담가보았다. 인삼과 배추로 김치를 담그면 김치를 다 먹을 때까지 인삼 향을 즐길 수 있다.

담그는 법

4인 가족 두 달 치

주재료
배추 2포기(7kg 정도)
무 1/2개(500g 정도)
배 1개
미나리 100g
쪽파 100g
수삼 300g

절임물 재료
물 4ℓ
굵은소금 4컵

찹쌀죽 재료
찹쌀 100g
맛국물 4컵

양념 재료
고춧가루 3컵(300g)
다진 마늘 4큰술(80g)
다진 생강 1큰술(10g)
초피액젓 10큰술(100g)
새우젓 5큰술(100g)
갈치속젓 50g

대체 식재료
초피액젓 ▶ 멸치액젓, 까나리액젓

수삼 이야기
인삼에는 '수삼', '건삼', '홍삼'이 있다. 수삼은 인삼을 채취해 건조나 공정 과정을 거치지 않은 것을 말한다. 건조나 공정 과정을 거쳐 만든 제품을 홍삼이라 한다. 건삼은 수삼을 건조시킨 것이다. 인삼은 연수에 따라 1년근, 3년근, 6년근으로 나뉜다.

1 찹쌀은 물에 3시간 정도 불린 다음 건져 물기를 빼서 맛국물을 넣고 주걱으로 저어가며 중간 불에서 20분 정도 쑤어 식힌다.

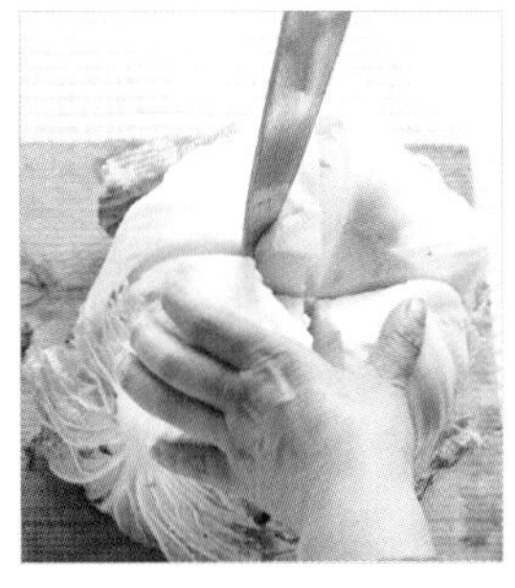

2 배추는 다듬어 밑동을 도려내고 4등분으로 칼집을 넣는데 이때 완전히 자르지 말고 1/3 정도까지만 칼집을 넣는다(*50쪽 김장 배추 절이기 참조).

3 절임물(물 4ℓ, 굵은소금 4컵)에 배추를 8시간 정도 절여 배추를 헹궈 소쿠리에 밭쳐 물기를 뺀다(*50쪽 김장 배추 절이기 참조).

4 큰 그릇에 찹쌀죽을 담고 무를 채 썰어 넣고 고춧가루를 넣어 버무린다.

5 다진 마늘, 다진 생강, 초피액젓, 새우젓, 갈치속젓을 넣는다. 배는 채 썰고 미나리와 쪽파는 2~3cm 길이로 썰어 찹쌀죽 그릇에 넣는다.

6 수삼은 흐르는 물에 솔로 깨끗이 씻어 어슷하게 썰어 찹쌀죽 그릇에 넣어 버무린다.

7 배추에 소를 켜켜이 넣어 김치통에 담고 실온에서 3~4일 정도 익혀 냉장 보관한다.

한 달 정도 맛있게 먹을 수 있다.

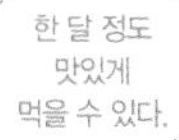

돼지감자 김치

돼지감자는 늦가을에서 초겨울까지 시장에서 구할 수 있다. 돼지감자는 삶아 먹기도 하지만 장아찌를 담가 먹기도 한다. 아삭아삭한 돼지감자는 건강에 좋은 식품으로 알려져 있다. 칼로리가 낮고 식이섬유가 풍부해 비만과 변비를 해소한다.

노고추 음식공방의 비법
돼지감자김치는 오래 보관할 수 있다.

담그는 법

20인분

주재료
돼지감자 1kg
부추 100g

절임물 재료
물 1ℓ
굵은소금 1/2컵(80g)

찹쌀풀 재료
맛국물 1컵
찹쌀가루 3큰술
들깨가루 2큰술

양념 재료
고춧가루 3큰술(30g)
다진 마늘 1큰술(20g)
생강즙 5g
초피액젓 2큰술(20g)
새우젓 1/2큰술(10g)

대체 식재료
부추 ▶ 쪽파
초피액젓 ▶ 멸치액젓, 까나리액젓

1 돼지감자는 껍질을 벗기고 절임물(물 1ℓ, 굵은소금 1/2컵)에 1시간 정도 절인 다음 깨끗이 헹궈 물기를 빼서 먹기 좋게 자른다.

2 찹쌀풀을 쑤어 식힌다.

3 부추는 1~2cm 길이로 썬다.

4 큰 그릇에 돼지감자, 부추, 고춧가루, 다진 마늘, 다진 생강, 초피액젓, 새우젓을 넣고 찹쌀풀을 부어 버무린다.

5 김치통에 담아 실온에서 2일 정도 익혀 냉장 보관한다.

돼지감자 이야기

들판이나 야산에서 많이 자생하는데 생명력이 강해 어느 곳에서나 잘 자란다. 멧돼지들이 좋아해 멧돼지의 먹이가 되기도 한다.

한 달 정도 맛있게 먹을 수 있다.

비늘 김치

무에 중간중간 칼집을 넣어 소를 채운 김치를 비늘김치라 한다. 칼집 모양이 마치 생선 비늘 같다고 해서 붙여진 이름이다. 무는 동치미무보다 더 어리고 작은 무를 골라야 먹기 좋고 모양이 예쁘다.

노고추 음식공방의 비법
무의 칼집은 소를 어느 정도 채울 수 있도록 깊게 넣어야 좋다.

담그는 법

4인 가족 한 달 치

주재료
무(작은 것) 7개
(개당 250~300g 정도)
미나리 50g
갓 50g
쪽파 50g

절임물 재료
물 3컵
굵은소금 1컵(160g)

찹쌀풀 재료
맛국물 1컵
찹쌀가루 4큰술

양념 재료
고춧가루 6큰술(60g)
다진 마늘 1큰술(20g)
다진 생강 5g
새우젓 1큰술(20g)

1 무는 동치미무보다 작은 것으로 골라 껍질째 길이로 반 자른다. 등 쪽에 1.5cm 정도의 간격으로 칼집을 넣는다.

2 무는 절임물(물 3컵, 굵은소금 1컵)에 1시간 정도 절인 다음 깨끗이 헹궈 물기를 뺀다.

3 미나리, 갓, 쪽파는 송송 썬다.

4 찹쌀풀을 쑤어 식힌다.

5 큰 그릇에 찹쌀풀, 미나리, 갓, 쪽파, 고춧가루, 다진 마늘, 다진 생강, 새우젓을 넣어 섞은 다음 무에 골고루 바른다.

6 김치통에 담아 실온에서 3~4일 정도 익혀 냉장 보관한다.

무 이야기
무는 육질이 단단하고 단맛과 청량감을 주는 것. 모양이 매끈하고 광택이 나는 것이 좋다.

한 달 정도 맛있게 먹을 수 있다.

비늘 물김치

비늘 사이사이에 소를 넣어 색감이 좋고 고춧가루를 쓰지 않아서 누구나 즐길 수 있는 김치이다. 비늘 물김치는 밤의 아삭한 맛과 대추의 단맛, 배의 시원한 맛이 어우러져 상큼하고 달콤하며 청량감을 준다. 집에 귀한 손님이 올 때나 어른 생신, 아이 생일 때 담그면 모양도 예쁘고 맛도 있다.

어린이 김치 추천

노고추 음식공방의 비법

국물과 간은 취향에 따라 조금 더 넣어도 좋다.
무는 작은 것으로 골라야 모양이 예쁘다.

담그는 법

4인 가족 한 달 치

주재료
무(동치미무) 7개(1.6kg 정도)
갓 150g
쪽파 150g
무 200g
밤 100g
대추 100g
배 1/2개

절임물 재료
물 1컵
굵은소금 1/2컵(80g)

밀가루풀물 재료
물 2ℓ
밀가루 2큰술

양념 재료
다진 마늘 1큰술(20g)
생강즙 10g
굵은소금 1큰술(15g)
초피액젓 2큰술(20g)

1 무는 작은 것으로 골라 껍질째 길이로 반 자르고 등 쪽에 1.5cm 정도의 간격으로 칼집을 넣는다.

2 무는 절임물(물 1컵, 굵은소금 1/2컵)에 1시간 정도 절인 다음 깨끗이 헹궈 물기를 뺀다.

3 밀가루풀물을 쑤어 식힌다.

4 갓과 쪽파는 1cm 길이로 썰고 무, 밤, 배는 채 썬다. 대추는 씨를 발라 채 썬다.

5 큰 그릇에 갓, 쪽파, 무, 밤, 배, 대추, 다진 마늘, 다진 생강을 넣고 고운 소금과 초피액젓을 넣고 30분 정도 절인다.

6 무의 칼집에 소를 채워 김치통에 담고 식힌 밀가루풀물을 붓는다. 실온에서 3~4일 정도 익혀 냉장 보관한다.

무 이야기

비늘 물김치는 단단하고 작은 무, 푸른색이 많은 것으로 고른다. 무의 흰 부분은 매운맛이 많이 나고 푸른 부분은 단맛이 많이 난다. 또는 큰 총각무를 골라 담가도 아삭하며 연하다.

한 달 정도 맛있게 먹을 수 있다.

자색고구마 물김치

색이 고운 자색 고구마 물김치는 맵지 않고 색이 예뻐서 누구나 좋아한다. 단맛이 덜한 자색 고구마로 김치를 담글 때 배를 넣어 단맛을 더했더니 그 맛이 일품이었다. 자색 고구마는 삶는 것 외에도 튀김, 전, 죽 등으로 요리해 먹는다.

어린이 김치 추천

노고추 음식공방의 비법

물김치이기 때문에 자색고구마를 물에 담가 녹말을 따로 빼지 않아도 된다.

담그는 법

20인분

주재료
자색 고구마 1개(300g 정도)
무 1/2개(600g 정도)
굵은소금 2큰술(30g)
미나리 100g
쪽파 100g
홍고추 2개
배 1개

밀가루풀물 재료
물 1ℓ
밀가루 1큰술

양념 재료
다진 마늘 1큰술(20g)
다진 생강 1/2큰술(5g)
초피액젓 2큰술(20g)

대체 식재료
초피액젓 ▶ 까나리액젓

1 자색 고구마와 무는 깨끗이 씻어 껍질을 벗겨 가로, 세로 2cm, 0.5cm 두께로 썰어 굵은소금 2큰술에 30분 정도 절여 물에 헹구지 않고 둔다.

2 밀가루풀물을 쑤어 식힌다.

3 미나리와 쪽파는 2cm 길이로 썰고 홍고추는 반으로 갈라 씨를 빼고 곱게 채 썬다.

4 배는 강판에 갈아 즙을 짠다.

5 큰 그릇에 자색 고구마, 무, 미나리, 쪽파, 홍고추, 배즙, 밀가루풀물, 초피액젓을 넣는다. 다진 마늘과 다진 생강은 베주머니에 담아 김치통에 담고 실온에서 2일 정도 두었다가 냉장 보관한다.

자색 고구마 이야기

자색 고구마를 무와 함께 담그면 색감도 있고 감칠맛과 깊은 맛이 있다. 껍질은 색과 속이 선명한 자색이 좋으며 모양은 균일하며 매끈하고 단단한 것으로 고른다.

15일 정도 맛있게 먹을 수 있다.

배추뿌리 김치

배추뿌리는 깎아서 간식으로 먹기도 하고 찜으로 요리하기도 하고 볶아 먹기도 한다. 배추뿌리는 단단하면서도 단맛도 있어 특별히 단것을 넣지 않아도 맛있다. 담그자마자 바로 먹어도 되며 늦가을부터 겨울까지 맛있게 먹을 수 있다.

노고추 음식공방의 비법
배추뿌리는 단단하고 수분이 적으므로 소금에 절이지 않는다.

담그는 법

20인분

주재료
배추뿌리 1kg
갓 30g
쪽파 50g(10뿌리 정도)

찹쌀풀 재료
맛국물 1컵
찹쌀가루 4큰술

양념 재료
고춧가루 3큰술(30g)
다진 마늘 1큰술(20g)
다진 생강 1/2큰술(5g)
초피액젓 2큰술(20g)
새우젓 1큰술(20g)

대체 식재료
초피액젓 ▶ 멸치액젓, 까나리액젓

1 배추뿌리는 깨끗이 씻어 껍질을 벗겨 가로, 세로 2~3cm 길이로 썬다.

2 갓과 쪽파는 2cm 길이로 썬다.

3 찹쌀풀을 쑤어 식힌 다음 큰 그릇에 담고 배추뿌리, 갓, 쪽파, 고춧가루, 다진 마늘, 다진 생강, 초피액젓, 새우젓을 넣는다.

4 배추뿌리를 양념에 넣고 버무려 김치통에 담아 냉장 보관한다.

배추뿌리 이야기
요즘은 배추뿌리를 재배하기 때문에 겨울철에 쉽게 구할 수 있다.

15일 정도 맛있게 먹을 수 있다.

야콘 깍두기

'땅속의 배'로 불리는 야콘은 가을철 마트나 재래시장에서 자주 볼 수 있다. 원산지는 안데스 지방으로 우리에게는 야콘 냉면으로 알려지기 시작했다. 깎아서 과일처럼 먹어도 되지만 별미로 깍두기를 담가보았다.

노고추 음식공방의 비법
담가서 바로 먹어도 아삭하고 맛있다.

담그는 법

20인분

주재료
야콘 1kg
갓 50g
쪽파 100g

찹쌀풀 재료
맛국물 1컵
찹쌀가루 4큰술

양념 재료
고춧가루 3큰술(30g)
다진 마늘 1큰술(20g)
다진 생강 1큰술(10g)
초피액젓 5큰술(50g)

대체 식재료
갓 ▶ 미나리
초피액젓 ▶ 까나리액젓

1 야콘은 껍질을 벗겨 깨끗이 씻어 깍둑 썰기한다.

2 갓과 쪽파는 송송 썬다.

3 찹쌀풀을 쑤어 식힌 다음 큰 그릇에 담고 야콘, 갓, 쪽파, 고춧가루, 다진 마늘, 다진 생강, 초피액젓을 넣는다.

4 재료를 버무려 김치통에 담아 바로 냉장 보관한다.

야콘 이야기

야콘은 고구마처럼 저장할수록 단맛이 증가하나 수분이 많아 썩기 쉬우므로 통풍이 잘되는 곳에서 보관하는 것이 좋다.

15일 정도 맛있게 먹을 수 있다.

콜라비 단감 물김치

콜라비의 아삭함과 단감의 달콤함이 색다른 물김치는 매운맛을 싫어하는 분이나 아이들에게 좋다. 또 갑자기 물김치가 필요할 때 간단하게 담가서 바로 먹을 수 있다.

어린이 김치 추천

노고추 음식공방의 비법
콜라비와 단감에 단맛이 있어 따로 단맛을 추가하지 않아도 좋다.

담그는 법

20인분

주재료
콜라비 3개
단감 2개
쪽파 10뿌리
대추 5개

밀가루풀물 재료
물 1ℓ
밀가루 1큰술

양념 재료
다진 마늘 1큰술(20g)
생강즙 10g
초피액젓 1큰술(20g)
굵은소금 2큰술(30g)

대체 식재료
초피액젓 ▶ 까나리액젓

1 콜라비와 단감은 단단한 것으로 골라 껍질을 벗기고 가로, 세로 3cm 크기로 썬다.

2 밀가루풀물을 끓여 식힌다.

3 쪽파는 1cm 길이로 썰고 대추는 씨를 빼내어 돌돌 말아 채 썬다.

4 큰 그릇에 콜라비, 단감, 쪽파, 대추, 다진 마늘, 생강즙, 초피액젓, 고운 소금을 넣고 식힌 밀가루풀물을 부어 1시간쯤 두었다가 김치통에 옮겨 담고 냉장 보관한다.

콜라비와 단감 이야기

콜라비는 껍질이 갈라지지 않은 것을 고르는 것이 좋다. 껍질을 깎으면 무처럼 하얗다.

15일 정도 맛있게 먹을 수 있다.

사과 김치

사과가 제철인 늦가을에 상큼하게 즐길 수 있는 김치이다. 새콤달콤한 맛이 나며 식감이 아삭아삭하다. 사과는 가격이 저렴할 때 넉넉하게 구입해 김치를 담그거나 말려 먹는다. 심심할 때 먹을 수 있는 말랭이떡을 만들어 먹기도 한다.

노고추 음식공방의 비법
사과에 설탕과 소금을 살짝 뿌려 말려서 사용하는 것이 좋다.

담그는 법

4인분

주재료
사과 2개(450g 정도)
고운 소금 1큰술
쪽파 3뿌리

찹쌀풀 재료
맛국물 1/2컵
찹쌀가루 2큰술

양념 재료
고춧가루 1큰술(10g)
다진 마늘 1/2큰술(10g)
생강즙 5g
초피액젓 2큰술(20g)

★ 사과는 50% 정도 말려서 만들면 더 맛있다.

1 사과는 껍질째 깨끗이 씻어 4등분으로 잘라 씨를 뺀다.

2 사과를 나박하게 썰어 고운 소금 1큰술에 2시간 정도 절여 물에 헹구지 말고 소쿠리에 밭쳐 물기를 뺀다.

3 쪽파는 송송 썬다.

4 찹쌀풀을 쑤어 식힌 다음 큰 그릇에 담고 사과, 쪽파, 고춧가루, 다진 마늘, 생강즙, 초피액젓을 넣고 버무려 김치통에 담는다.

사과 이야기

사과는 품종이 다양하다. 9월에 나오는 '아오리'가 있고 9월 하순에서 10월에 나오는 '홍로'도 있다. 10월 하순에서 11월에는 '부사'가 나온다. 모든 종류의 사과로 김치를 담글 수 있는데 맛이 조금씩 달라 각기 다른 맛을 즐길 수 있다.

일주일 정도 맛있게 먹을 수 있다.

단감 김치

아삭한 식감과 단맛이 살아 있는 단감은 가을을 대표하는 정감 있는 먹거리다. 단감으로 김치를 담가서 샐러드처럼 바로 먹기도 하며 장아찌를 담그기도 한다.

노고추 음식공방의 비법
푸른색이 도는 감은 떫은맛이 난다.

담그는 법

5인분

주재료
단감 3개
쪽파 5뿌리

양념 재료
고춧가루 2큰술(20g)
찹쌀죽 2큰술
생강즙 1큰술

★ 감은 50% 정도 말려서 만들면 더 맛있다.

1 단감은 단단한 것으로 골라 껍질을 벗기고 가로, 세로 3cm 크기로 썬다.

2 쪽파는 송송 썬다.

3 큰 그릇에 단감, 쪽파, 고춧가루, 찹쌀죽, 생강즙을 넣고 버무려 냉장 보관한다.

단감 이야기

단감은 육질이 단단하고 색깔이 선명한 주황색이며 윤기가 나고 묵직한 것. 큰 감이 맛있다.

2~3일 정도 맛있게 먹을 수 있다.

알밤 깍두기

씹으면 아삭아삭 소리가 나는 알밤은 맛이 신선하고 담백하다. 식용으로도 쓰고 건조시켜 보약재로도 쓰인다. 밤 속의 단맛은 여러 음식들과 어울려 영양소의 흡수를 도우며 밥, 죽, 떡, 조림, 샐러드, 약밥 등 다양하게 요리한다. 알밤 깍두기는 생밤의 식감과 단맛을 맛깔스럽게 살렸는데 밤을 소금에 절여서 씻으면 밤 특유의 맛이 많이 사라지므로 소금에 절이지 않고 담가야 한다.

노고추 음식공방의 비법

알밤 깍두기는 담가 바로 먹는 것이 좋다. 술을 마실 때 안주로 밤을 먹으면 다음 날 숙취가 없다고 한다.

담그는 법

10인분

주재료
알밤 600g
갓 30g
쪽파 50g
대추 5개

찹쌀풀 재료
맛국물 1/2컵
찹쌀가루 2큰술

양념 재료
고춧가루 1큰술(10g)
초피액젓 3큰술(30g)
다진 마늘 1/2큰술(10g)
생강즙 5g

대체 식재료
초피액젓 ▶ 까나리액젓

1 알밤은 단단한 것으로 골라 껍질을 벗기고 찹쌀풀을 쑤어 식힌다.

2 갓과 쪽파는 곱게 다진다.

3 대추는 씨를 빼내어 곱게 채 썬다.

4 큰 그릇에 알밤, 갓, 쪽파, 대추, 찹쌀풀, 고춧가루, 초피액젓, 다진 마늘, 다진 생강을 넣는다.

5 재료를 버무려 김치통에 담아 바로 냉장 보관한다.

밤 이야기

밤은 폐백에 빠지지 않고 올리는데 '다남(多男)'을 상징한다. 아들을 많이 낳으라는 뜻으로 며느리에게 던져주는 풍속이 있다. 며느리는 이것을 받아 두었다가 신방에서 먹는다.

한 달 정도 맛있게 먹을 수 있다.

콜라비 석류 물김치

콜라비의 단맛과 석류의 새콤한 맛이 어우러져 있어 바로 담가 먹어도 새콤달콤하며 상큼한 맛을 즐길 수 있다. 고춧가루를 넣지 않아 아이들이 좋아하는 물김치다. 콜라비는 수분이 적고 단단하여 김치를 담그면 오랫동안 무르지 않고 맛있게 먹을 수 있다.

노고추 음식공방의 비법

계절별로 제철 과일을 활용하면 알록달록 색감을 살린다. 또 콜라비 대신 무를 넣어도 좋다.

담그는 법

20인분

주재료
콜라비 1개
굵은소금 1큰술
석류 1/2개
미나리 50g
쪽파 5~6뿌리
사과 1/2개
석류 원액 1/2컵

밀가루풀물 재료
물 1컵
밀가루 1큰술
고운 소금 1큰술

양념 재료
초피액젓 1큰술(10g)
다진 마늘 1큰술(20g)
다진 생강 1/4큰술

대체 식재료
사과 ▶ 배
초피액젓 ▶ 까나리액젓

★ 석류 알맹이는 즙으로 짜서 국물을 내면 맛있다.

1 콜라비는 깨끗이 씻어 껍질을 벗기고 가로, 세로 1~1.5cm 크기로 나박하게 썰어 굵은소금 1큰술에 30분 정도 절여 씻지 말고 준비하고 석류는 알맹이를 발라낸다.

2 밀가루풀물을 쑤어 식힌다.

3 미나리와 쪽파는 1cm 길이로 송송 썰고 사과는 껍질을 벗겨 가로, 세로 1cm 크기로 썬다.

4 큰 그릇에 콜라비, 석류, 미나리, 쪽파, 사과, 초피액젓을 넣는다. 다진 마늘과 다진 생강은 베주머니에 넣고 석류 원액을 부어 버무려 김치통에 담고 냉장 보관한다.

석류 이야기

석류는 모양과 효능으로 다산, 풍요, 부를 상징한다. 예부터 집을 지으면 뒤뜰이나 담벼락에 심었다. 5월이면 빨간 꽃이 피고 10월이면 빨간 열매를 맺는다. 석류로 효소를 담가 먹으면 여자에게 최고다.

한 달 정도 맛있게 먹을 수 있다.

단풍 깻잎김치

단풍 깻잎은 김장을 하기 전에 담가 봄까지 먹을 수 있는 밑반찬이다. 오래 두고 먹을 것이라면 약간 짜게 담그는 것이 좋다. 삭힌 깻잎은 섬유질이 많아 겨울철 운동이 부족할 때 먹으면 장에 도움을 주는 것으로 알려져 있다. 깻잎김치를 담글 때는 밤, 대추 같은 고명을 넣어도 맛있다.

노고추 음식공방의 비법

간이 싱거우면 깻잎이 쉽게 시어버린다. 깻잎을 구할 때는 잎이 작은 것으로 고른다.

담그는 법

30인분

주재료
삭힌 단풍 깻잎 1kg

양념 1 재료
맛국물 1.2kg
와촌 간장 소스 200g
초피액젓 100g
조청 200g

양념 2 재료
고춧가루 2컵(200g)
다진 마늘 1컵(100g)
통깨 8큰술(40g)

대체 식재료
와촌 간장 소스 ▶ 진간장
초피액젓 ▶ 멸치액젓
조청 3큰술 ▶ 물엿 2큰술

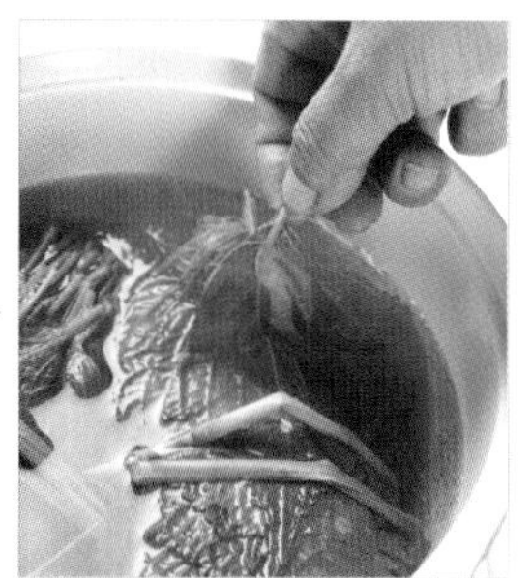

1 삭힌 단풍 깻잎을 깨끗이 씻어 냄비에 물 2ℓ와 함께 넣고 30분 정도 삶는다.

2 찬물에 4~5번 정도 헹궈 물기가 없을 정도로 꼭 짠다.

3 깻잎의 꼭지를 가위로 자른다.

4 냄비에 양념 1의 재료인 맛국물 1ℓ, 와촌 간장 소스, 초피액젓, 조청을 넣고 15분 정도 끓여 식힌다.

5 양념 1에 양념 2의 재료인 고춧가루, 다진 마늘, 통깨를 넣어 섞는다.

6 깻잎을 2~3장씩 포개어 양념을 고루 바르는 과정을 반복하여 김치통에 담아 바로 냉장 보관한다.

단풍 깻잎 이야기
깻잎은 봄에 파종을 해 여름에 먹는다. 9월 말쯤 꽃이 피며 열매를 맺으면 깻잎 잎이 얇아지며 질기고 색깔이 변하면서 단풍이 들기 시작한다. 이때 깻잎을 따서 삭힌 것을 단풍 깻잎이라 한다. 깻잎을 30장씩 묶어서 항아리에 차곡차곡 담고 소금물(굵은소금:물=1:5)을 깻잎이 잠길 정도로 부어서 돌멩이로 눌러서 일주일 정도 삭히면 된다. 삭힐 때 소금물이 싱거우면 깻잎이 무른다.

석 달 정도 맛있게 먹을 수 있다.

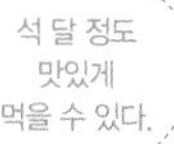

단풍 콩잎무침

단풍 콩잎은 주로 경상도 지방에서 많이 먹는다. 콩잎은 씹으면 씹을수록 구수한 맛이 난다. 단풍 콩잎을 무치면 콩잎장아찌와는 또 다른 콩잎 맛을 즐길 수 있다.

노고추 음식공방의 비법
삭힌 콩잎은 무르지 않고 냄새가 덜 나는 것을 고른다.

담그는 법

30인분

주재료
삭힌 단풍 콩잎 5단
(1단 250g 정도)

양념 1 재료
맛국물 1.6kg
와촌 간장 소스 200g
초피액젓 200g
조청 200g

양념 2 재료
고춧가루 1컵+1/2컵(150g)
다진 마늘 1/2컵(100g)
다진 생강 10g
통깨 12큰술(60g)

대체 식재료
와촌 간장 소스 ▶ 진간장
초피액젓 ▶ 멸치액젓, 까나리액젓
조청 ▶ 물엿

1 삭힌 콩잎은 깨끗이 씻어 끓는 물에 40분 정도 삶는다.

2 콩잎은 찬물에 여러 번 헹군 다음 물기를 꼭 짠다.

3 냄비에 양념 1의 재료인 맛국물과 와촌 간장 소스를 넣고 팔팔 끓인 다음 초피액젓과 조청을 넣고 15분 정도 끓여 식힌다. 양념 2의 재료인 고춧가루, 다진 마늘, 다진 생강, 통깨를 넣어 섞는다.

4 콩잎을 2~3장씩 포개고 양념을 고루 바르는 과정을 반복하여 김치통에 담아 바로 냉장 보관한다.

단풍 콩잎 이야기

단풍 콩잎을 고를 때는 단이 단단하게 묶여 있으며 잎은 작고 크기가 고른 것을 고른다. 늦가을이 되어 서리가 내리면 콩잎을 따 한 묶음씩 묶어 항아리에 담고 소금물을 부어 돌멩이로 눌러 삭힌다.

석 달 정도 맛있게 먹을 수 있다.

삭힌 고추무침

삭힌 고추는 빽빽젓으로 무쳐야 고추의 알싸한 맛과 젓갈의 깊은 맛이 어우러져 개운한 맛을 낸다. 잘 삭은 고추는 색깔이 누런 색이 나며 흠집이 없고 탱글탱글하며 꼭지가 붙어 있는 것을 고른다. 재래시장에 가면 쉽게 구입할 수 있다. 소금에 삭힌 고추는 동치미를 담글 때 넣어도 좋고 무치면 밥 반찬으로 좋다.

노고추 음식공방의 비법
장아찌는 물을 여러 번 끓여 부어야 하지만 삭히는 고추는 찬물에 굵은소금을 녹여 부어도 된다.

담그는 법

10인분

주재료
삭힌 고추 500g
쪽파 50g(10뿌리 정도)

양념 재료
고춧가루 30g
다진 마늘 30g
뻑뻑젓 30g
조청 50g
통깨 30g

대체 식재료
뻑뻑젓 ▶ 멸치액젓

1 삭힌 고추는 깨끗하게 씻어 꼭지를 가위로 자른다.

2 쪽파는 2~4cm 길이로 썬다.

3 큰 그릇에 삭힌 고추, 쪽파, 고춧가루, 다진 마늘, 뻑뻑젓, 매실청을 넣고 버무려 김치통에 담아 바로 냉장 보관한다.

고추 이야기

삭히는 고추는 늦가을 서리가 오기 전에 수확을 하는 것이 좋다. 서리가 오면 고추가 무르기 때문이다. 고춧잎도 따서 삶아서 말리고 큰 고추는 삭히거나 장아찌를 담고 작은 고추는 쪄서 무쳐 먹거나 말려 부각을 만들어 겨울에서 봄까지 먹는다. 고추를 삭혀 놓고 그때그때 무쳐 먹거나 동치미를 담글 때도 쓴다. 고추를 삭힐 때는 가을에 익지 않은 고추를 따서 항아리에 물 10컵과 굵은소금 2컵을 붓고 돌멩이로 눌러 15일 정도 둔다.

15일 정도 맛있게 먹을 수 있다.

셀러리 김치

아삭아삭 씹히는 식감이 특징인 셀러리는 서양식 미나리라고 볼 수 있다. 독특한 향을 지니고 있어 각종 샐러드나 소스에 자주 사용한다. 셀러리는 아삭하며 꼭꼭 씹으면 고소한 맛이 나는 줄기만 사용한다. 셀러리김치는 입안에서 은은한 향이 나고 자꾸 손이 가게 한다.

노고추 음식공방의 비법
들깨가루를 넣으면 훨씬 부드럽고 고소한 맛이 난다.

담그는 법

20인분

주재료
셀러리 1.5kg
쪽파 200g

절임물 재료
물 1ℓ
굵은소금 100g

찹쌀풀 재료
찹쌀가루 6큰술
들깨가루 4큰술(40g)
맛국물 2컵(400g)

양념 재료
고춧가루 5큰술(50g)
다진 마늘 3큰술(60g)
다진 생강 1큰술(10g)
초피액젓 3큰술(30g)
새우젓 2큰술(40g)

대체 식재료
초피액젓 ▶ 까나리액젓

1 셀러리는 잎을 때어내고 줄기의 심줄을 벗긴다.

2 셀러리는 절임물(물 1ℓ, 굵은소금 100g)에 1시간 정도 절여 깨끗이 씻는다.

3 셀러리는 어슷하게 썰고 쪽파는 1cm 길이로 썬다.

4 찹쌀풀을 쑤어 식힌 다음 큰 그릇에 담고 셀러리, 쪽파, 고춧가루, 다진 마늘, 다진 생강, 초피액젓, 새우젓을 넣어 버무린다. 김치통에 담고 바로 냉장 보관한다.

셀러리 이야기

셀러리는 잎은 녹색이며 줄기는 연녹색인 것, 줄기가 굵고 길며 연한 것, 줄기의 요철 모양이 두드러진 것, 겉대와 속대의 굵기가 일정한 것이 좋다.

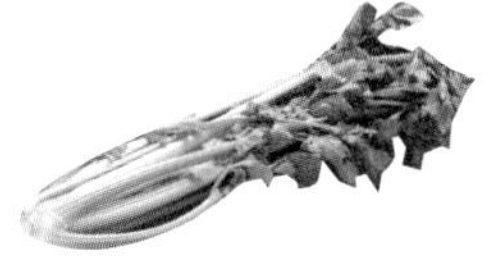

15일 정도 맛있게 먹을 수 있다.

배추 무 섞박지

배추와 무를 '섞어 담근다' 하여 섞박지라고 부른다. 기호에 따라 굴, 낙지, 생태 등의 해산물을 넣어서 담그기도 한다. 버무려 바로 먹어도 좋고 익혀 먹어도 좋다.

노고추 음식공방의 비법

오래 두고 먹을 수 있는 김치는 아니다.

담그는 법

20인분

주재료
배추 1kg
무 450g
쪽파 100g

절임물 재료
물 1ℓ
굵은소금 100g

찹쌀죽 재료
맛국물 3컵
찹쌀 30g

양념 재료
고춧가루 7큰술(70g)
다진 마늘 2큰술(40g)
다진 생강 1큰술(10g)
초피액젓 5큰술(50g)
매실청 3큰술(30g)
새우젓 2큰술(40g)

대체 식재료
초피액젓 ▶ 멸치액젓, 까나리액젓
매실청 ▶ 배

1 배추는 알배추를 준비하여 밑동을 잘라내고 가로, 세로 3~4cm 크기로 잘라 절임물(물 1ℓ, 굵은소금 100g)에 4시간 정도 절여 물에 헹궈 소쿠리에 밭쳐 물기를 뺀다.

2 무는 가로, 세로 3cm 크기로 얄팍하게 썰어 배추 절임물에 1시간 정도 절여 물에 헹궈 소쿠리에 밭쳐 물기를 뺀다.

3 찹쌀죽을 끓여 식힌 다음 고춧가루, 다진 마늘, 다진 생강, 초피액젓, 매실청, 새우젓을 넣어 섞는다.

4 쪽파는 2~4cm 길이로 썬다.

5 큰 그릇에 배추, 무, 쪽파, 양념을 넣는다.

6 골고루 버무려 김치통에 담고 실온에서 24시간 정도 익혀 냉장 보관한다.

한 달 정도 맛있게 먹을 수 있다.

배추 이야기

가을에 나는 배추는 저장성이 좋으며 여름에 나는 배추는 수분이 많아 오래 저장할 수 없다. 배추를 고를 때에는 뿌리 부분이 작고 줄기가 두껍지 않고 길이가 짧으며 무거운 것이 좋다. 배추를 반으로 잘라보아 속이 노란색이며 꽉 찬 것이 좋다.

콜라비 김치

콜라비 김치는 밥을 하는 동안 금방 담글 수 있는 요리다. 미리 풀물을 끓여 식히고 콜라비를 깍아 깍둑깍둑 썰어 양념을 넣고 버무리는 시간이 20분을 넘기지 않는다. 콜라비는 무보다 단단하여 오래 두고 먹어도 좋은데 곱게 채 썰어 무쳐 먹기도 하고 과일처럼 깎아 먹기도 한다.

노고추 음식공방의 비법
콜라비는 단맛이 있어 단맛을 첨가하지 않아도 좋다.

담그는 법

10인분

주재료
콜라비 2개
쪽파 50g

찹쌀풀 재료
찹쌀가루 2큰술
맛국물 100g

양념 재료
고춧가루 3큰술(30g)
다진 마늘 1큰술(20g)
다진 생강 1/2큰술(5g)
초피액젓 1큰술(10g)
새우젓 1큰술(20g)
통깨 2큰술(10g)

대체 식재료
초피액젓 ▶ 까나리액젓

▶

1 콜라비는 껍질을 벗겨 깍둑 썰기한다.

2 쪽파는 3~4cm 길이로 썬다.

3 찹쌀풀을 쑤어 식힌 다음 콜라비, 쪽파, 고춧가루, 다진 마늘, 다진 생강, 초피액젓, 새우젓, 통깨를 넣고 버무려 김치통에 담는다. 실온에서 1시간 정도 두었다가 냉장 보관한다.

콜라비 이야기

콜라비를 고를 때는 겉껍질이 갈라지지 않고 깨끗한 것으로 골라야 한다. 갈라진 것을 고르면 속이 딱딱해서 먹지 못할 수도 있다.

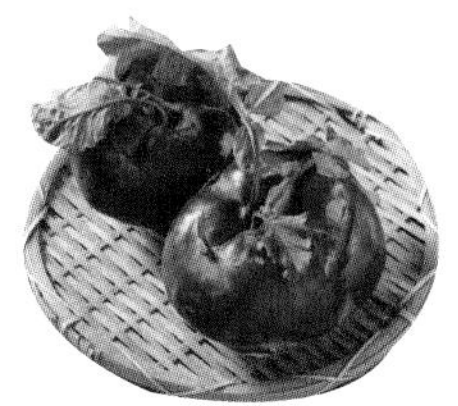

한 달 정도 맛있게 먹을 수 있다.

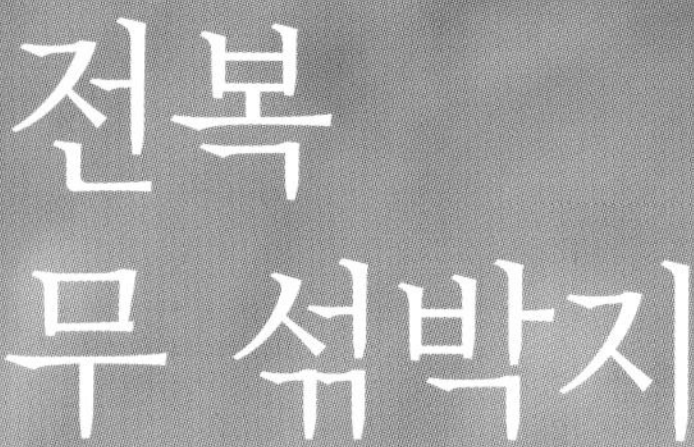

전복 무 섞박지

감칠맛과 담백한 맛이 나는 전복은 맛이 순하고 영양도 많다. 또 다른 재료와도 잘 어울려 다양하게 요리해 먹을 수 있다. 전복은 구입해서 깨끗이 손질해 내장과 살을 분리하여 내장은 죽을 끓여 먹고 살은 김치를 담근다. 전복을 한입 크기로 썰어 김치와 버무리면 김치가 시원하고 맛있다. 전복 무 섞박지는 살아 있는 전복으로 담그는 것이 좋다.

노고추 음식공방의 비법

전복은 광택이 있고 단단한 것, 크지도 작지도 않은 중간 크기가 좋다. 밤을 10개 정도 편으로 썰어 넣어도 맛있다.

담그는 법

20인분

주재료
전복 8마리(500g)
무 1/2개(600g 정도)
배추 1/6개(500g 정도)
갓 30g
미나리 30g
쪽파 50g

절임물 재료
물 2컵
굵은소금 1/2컵(80g)

찹쌀풀 재료
맛국물 1컵
찹쌀가루 4큰술

양념 재료
고춧가루 7큰술(70g)
다진 마늘 3큰술(60g)
다진 생강 1큰술(10g)
초피액젓 2큰술(20g)
새우젓 1큰술(20g)

대체 식재료
초피액젓 ▶ 까나리액젓, 멸치액젓

1 배추는 먹기 좋은 크기로 썰어 절임물(물 2컵, 굵은소금 1/2컵)에 2시간 정도 절인다.

2 배추를 절인 지 1시간쯤 지나면 무를 가로, 세로 2cm 크기로 썰어 배추와 함께 1시간 정도 더 절인 다음 깨끗이 헹궈 소쿠리에 담아 물기를 뺀다.

3 전복은 주방 솔로 깨끗이 씻어 물에 씻은 다음 칼로 살만 발라낸다.

4 전복의 붉은색 이를 잘라낸다.

5 전복은 0.5cm 두께로 자른다.

6 큰 그릇에 배추, 무, 전복을 담고 갓, 미나리, 쪽파는 2~3cm 길이로 썰어 넣는다.

7 찹쌀풀을 미리 쑤어 식힌 다음 고춧가루, 다진 마늘, 다진 생강, 초피액젓, 새우젓을 넣고 버무린다. 김치통에 담아 실온에서 2일 정도 익혀 냉장 보관한다.

전복 이야기

바다의 보약이라 부르는 전복은 양식을 해 자주 식탁에 올릴 수 있다. 전복은 크게 양식과 자연산이 있는데, 바다 밑 바위에 붙어 자라는 자연산 전복이 맛있다.

한 달 정도 맛있게 먹을 수 있다.

시원한 황태 물김치

황태는 살이 연하고 부드러우며 쫄깃한 육질과 깊은 맛이 있다. 이런 황태를 넣고 담근 물김치는 시원한 맛으로 먹는다. 시원한 황태 물김치는 술을 마신 다음 날 속풀이에도 좋다.

노고추 음식공방의 비법

황태 물김치를 통에 담을 때 갓, 미나리, 대파 등을 넣은 베주머니를 먼저 넣고 배추를 얹어 돌멩이와 같이 무거운 것으로 누른 다음 황태물을 붓는다. 4~5일 정도 실온에서 익힌 다음 냉장 보관한다. 배추는 크지 않은 것으로 고른다.

담그는 법

30인분

주재료
배추 1포기(3kg 정도)
무 1개(1kg 정도)
굵은소금 3큰술
배(작은 것) 2개

황태물 재료
황태(중간 것) 1마리
다시마 50g
물 5ℓ

배추 절임물 재료
물 2ℓ
굵은소금 2컵

양념 재료
고춧가루 3큰술(30g)
갓 100g
미나리 100g
쪽파 3뿌리
마른 청각 10g
다진 마늘 2큰술(40g)
다진 생강 1큰술(10g)
초피액젓 150g

1 냄비에 황태, 다시마, 물 5ℓ를 넣고 끓기 시작하면 5분 후에 불을 끄고 식힌 다음 재료를 건져내고 고춧가루를 넣는다.

2 배추는 겉잎이 없는 알배추로 준비해 절임물(물 2ℓ, 굵은소금 2컵)에 5시간 정도 절인 다음 물에 헹궈 건진다. 마른 청각은 물에 담가 불린 다음 깨끗이 씻는다.

3 무는 깨끗이 씻어 반으로 잘라 1~1.5cm 폭으로 썬다.

4 무를 항아리에 담고 굵은소금 3큰술을 뿌려 30분 정도 절인다.

5 배는 깨끗이 씻어 4등분으로 잘라 베주머니에 갓, 미나리, 쪽파, 청각, 다진 마늘, 다진 생강, 초피액젓과 함께 넣는다.

6 재료에 황태물을 붓고 실온에서 2~3일 정도 익힌 다음 냉장 보관한다.

황태 이야기

황태는 강원도 지방 덕장에서 겨우내 얼었다 녹았다를 반복해서 말린 명태를 말한다. 얼고 녹는 과정에서 염분이 씻겨나가 맛이 담백하다. 1년 내내 먹을 수 있고 죽, 찜, 조림, 국 등으로 요리해 먹는다.

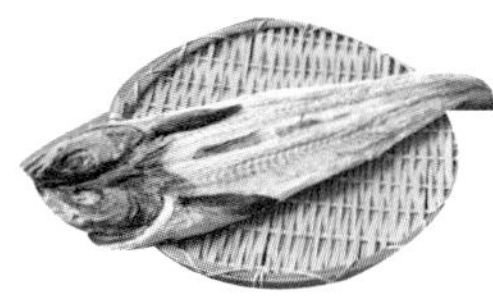

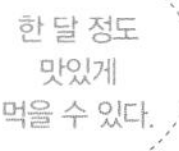

톳김치

'바다의 불로초'라 불릴 정도로 다양한 영양분과 효능이 있다. 톳밥, 톳죽, 톳나물, 톳 김치전 등 여러 가지로 요리한다. 톳김치를 담가서 식사할 때 반찬으로 먹으면 몸에 좋은 톳을 많이 먹을 수 있다.

노고추 음식공방의 비법

톳은 소금을 약간 넣어 데치면 색이 산다.

톳김치는 담가서 바로 먹기 시작하고 냉장 보관한다.

담그는 법

10인분

주재료
톳 500g
무 100g
쪽파 30g
배 1/2개

양념 재료
고춧가루 2큰술(20g)
다진 마늘 1큰술(20g)
다진 생강 1/2큰술(5g)
초피액젓 3큰술(300g)
매실청 1큰술(10g)

대체 식재료
초피액젓 ▶ 멸치액젓, 까나리액젓

1 톳은 깨끗이 씻어 손으로 적당한 길이로 잘라 물기를 뺀다.

2 무는 채 썰고 쪽파는 2~3 cm 길이로 썬다.

3 배는 곱게 채 썬다.

4 큰 그릇에 톳, 무, 쪽파, 배, 고춧가루, 다진 마늘, 다진 생강, 초피액젓, 매실청을 넣어 버무려 김치통에 담아 냉장 보관한다.

톳 이야기

톳은 건조된 톳과 진톳이 있다. 바위에 뿌리를 내리고 자라는 해초류인 톳은 2월에서 7월에 채취하며 요즘은 양식을 해 시장에 가면 쉽게 만날 수 있다. 중금속 배출 효능이 있다 하여 일본 사람들은 톳을 즐긴다. 마른 톳을 불릴 때는 식초를 약간 넣어 불리면 비린 맛을 잡아준다. 싱싱한 톳은 잎이 솔잎처럼 줄이어 있는 데 잎이 떨어지고 줄기가 많은 것은 좋지 않다. 김치에는 진톳을 사용해야 향이 진하고 시원한 맛이 난다.

15일 정도 맛있게 먹을 수 있다.

제육 배추김치

배추 소 재료로 돼지고기를 볶아 넣은 아주 특별한 배추김치다. 생돼지고기를 넣기도 하지만 익혀서 넣으면 바로 먹을 수 있다. 익혀서 김치찌개를 끓여 먹으면 그 맛이 일품이다.

노고추 음식공방의 비법

양념은 미리 버무려 무를 먼저 넣고 마지막에 미나리, 갓, 쪽파를 넣는 것이 좋다. 고기는 앞다리살이나 목살 등의 살코기를 갈아서 넣으면 다른 재료와 골고루 섞인다.

담그는 법

4인 가족 한 달 치

주재료
배추 2포기(7kg 정도)
돼지고기 갈은 것 400g
무 1/2개(400g 정도)
배 1개
갓 150g
미나리 100g
대파 100g

찹쌀죽 재료
찹쌀 100g
맛국물 800g

양념 재료
고춧가루 3컵(300g)
다진 마늘 4큰술(80g)
다진 생강 2큰술(20g)
초피액젓 10큰술(100g)
새우젓 150g
갈치속젓 100g

대체 식재료
초피액젓 ▶ 까나리액젓

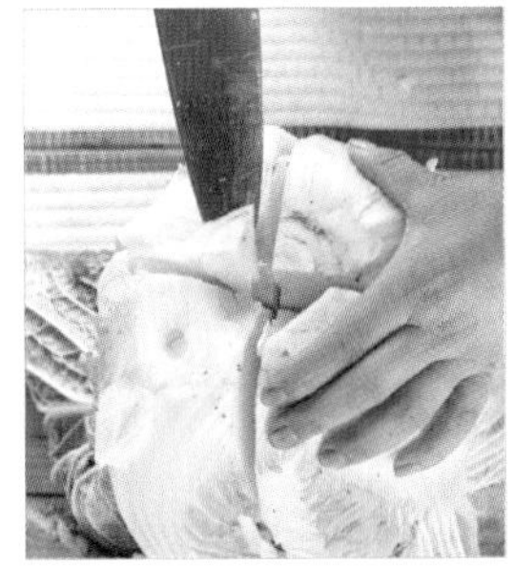

1 배추는 다듬어 밑동을 도려내고 4등분하듯 칼집을 넣는데 이때 완전히 자르지 말고 1/3 정도까지만 칼집을 넣는다(★50쪽 김장 배추 절이기 참조).

2 절임물에 배추를 8~9시간 정도 절여 배추를 헹궈 소쿠리에 밭쳐 물기를 뺀다(★50쪽 김장 배추 절이기 참조).

3 돼지고기 갈은 것은 팬에 볶아 식힌다.

4 무와 배는 채 썬다.

5 갓과 미나리는 2~3cm 길이로 썬다. 대파는 송송 썬다.

6 찹쌀죽을 쑤어 식힌 다음 큰 그릇에 담고 볶은 돼지고기, 무, 배, 고춧가루, 다진 마늘, 다진 생강, 초피액젓, 새우젓, 갈치속젓을 넣어 버무린다.

7 양념에 갓, 미나리, 대파를 넣고 섞어 배추에 켜켜이 넣어 김치통에 담는다. 실온에서 2~3일 정도 익혀 냉장 보관한다.

제육 배추김치 이야기
날씨가 추운 북쪽 지방에서는 돼지고기만이 아니라 단백질이 많은 육류를 김치에 많이 사용한다. 쇠고기 뼈로 곰탕을 진하게 만들어 구수한 김치 맛을 내기도 하고 꿩이나 닭고기를 넣어 담그기도 한다.

한 달 정도 맛있게 먹을 수 있다.

모재기 겉절이

어릴 적에는 모재기의 가격이 싸서 엄마가 자주 요리를 해 주셨다. 콩나물과 무쳐 먹거나 국이나 죽을 끓여 먹거나 말려서 먹기도 한다. 예식장이 흔치 않던 시절에는 고모나 삼촌이 결혼식을 할 때 잔칫상에 빠지지 않는 나물이었다. 모재기는 맛이 순하고 부드러우며 동글동글한 공기주머니가 달려 있어 톡톡 터지는 식감이 있다. 무, 배, 쪽파와 함께 겉절이로 만들면 겨울철 입맛을 살리는 별미 찬이 된다.

노고추 음식공방의 비법
모재기는 끓는 물에 살짝 데쳐야 부드럽다.

담그는 법

10인분

주재료
생모재기 150g
무 300g
배 1/2개
쪽파 50g

양념 재료
고춧가루 2큰술(200g)
다진 마늘 1큰술(20g)
다진 생강 1/2큰술(5g)
초피액젓 4큰술(40g)
통깨 2큰술(10g)

1 모재기는 깨끗이 씻어 끓는 물에 살짝 데친 다음 찬물로 헹궈 먹기 좋게 2~3cm 길이로 잘라 물기를 뺀다.

2 배와 무는 곱게 채 썬다.

3 쪽파는 2~3cm 길이로 썬다.

4 큰 그릇에 모재기, 무채, 배채, 고춧가루, 다진 마늘, 다진 생강, 초피액젓, 식초, 통깨를 넣고 버무려 김치통에 담아 냉장 보관한다.

모재기 이야기

'모자반'이라고도 하는데 바다에서 나는 해산물이다. 김이나 파래와 달리 미역처럼 줄기로 자란다. 흔히 모재기와 마재기를 헛갈려 하는데 모재기와 마재기는 다르다. 마재기는 웅덩이나 연못, 저수지 등 민물에서 자라며 생으로 먹는다.

2~3일 정도 맛있게 먹을 수 있다.

메주콩 알배추 물김치

이 물김치는 누구나 좋아할만 하지만 특히 아이들이나 매운맛을 싫어하는 이들에게 추천한다. 알배추는 사계절 구입이 가능하므로 언제든지 담가 먹을수 있는 김치다.

초겨울 추천

노고추 음식공방의 비법
김치를 오래 먹으려면 5~6°도 사이의 냉장실에서 15일 정도 보관하면 맛있게 먹을 수 있다.

담그는 법

40인분

주재료
알배추 3kg(5개 정도)
메주콩 30g
밥 1컵
양파 1개
무 300g
미나리 50g
쪽파 100g

양념 재료
다진 마늘 2큰술(40g)
다진 생강 2큰술(20g)
초피액젓 5큰술(50g)
새우젓 1큰술(20g)
소금 2큰술(30g)

맛국물 재료
물 2ℓ
마른 표고버섯 30g
다시마 30g
사과 1개

1 메주콩은 물에 5~6시간 정도 불려 냄비에 콩이 잠길 정도의 물과 함께 넣고 삶아서 식힌다.

2 맛국물 재료인 사과는 4등분 하여 면보자기에 나머지 재료와 함께 넣는다. 냄비에 물 2ℓ와 맛국물 재료를 넣고 끓여 식힌다.

3 믹서에 삶은 콩, 밥 1컵, 맛국물 3컵을 넣어 간다.

4 양파와 무는 잘게 잘라서 믹서에 간다.

5 다진 마늘, 다진 생강, 초피액젓, 새우젓, 소금을 준비한다.

6 절인 알배추를 준비한다(★79쪽 알배추 절이기 참조).

7 모든 양념 재료를 섞어 알배추에 소를 넣는다. 미나리와 쪽파를 적당한 길이로 썰어 넣는다.

8 배를 믹서나 강판에 갈아 면보에 넣어 꼭 짜서 넣는다.

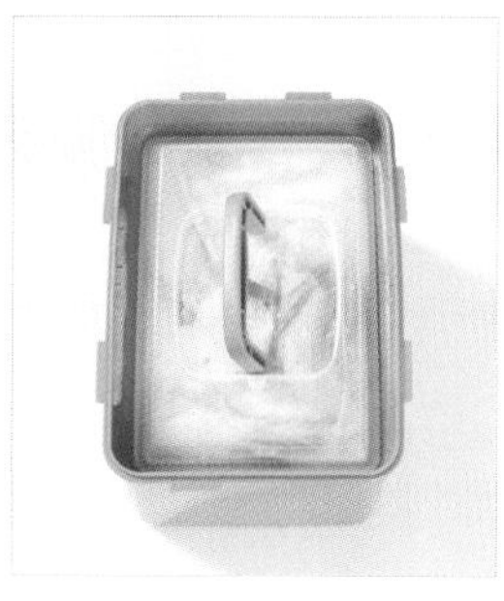

9 통에 담아 누름판으로 눌러 실온에 1주일 정도 두었다가 냉장 보관한다.

10일에서 한 달 정도 맛있게 먹을 수 있다.

알배추 절이기

알배추는 '쌈배추 알배기'라고 부른다. 크기가 작고 푸른 잎이 없으며 속이 노랗다. 김장배추와는 달리 손질할 때 손이 많이 가지 않는다. 알배추는 주로 물김치나 겉절이 등으로 많이 먹지만 김장김치 양념으로 담가도 맛있다.

알배추 10포기
(7kg 정도)

재료
알배추 10포기
물 7ℓ
굵은소금(천일염) 7컵

노고추 음식공방의 비법
알배추는 잎만 절여지면 된다. 줄기가 얇아 너무 절이면 아삭한 맛이 없다. 절이는 시간은 보통 10~11시간 정도이나 날씨에 따라 1~2시간 정도 달라질 수 있다.

1 알배추는 15cm 정도 깊이로 칼집을 넣는다.

2 큼직한 대야에 물 7ℓ와 굵은소금 7컵을 녹여 알배추를 굴린다.

3 굴린 배추는 다른 통에 담아 소금물을 붓고 뚜껑을 덮어 4시간 정도 절인다.

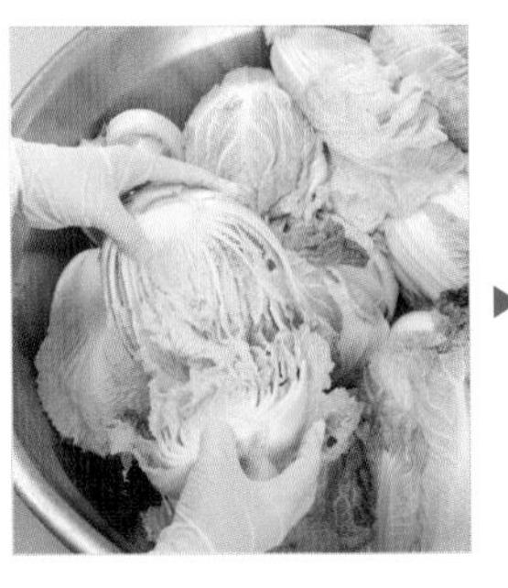

4 4시간 후 알배추를 반으로 쪼갠 다음 뚜껑을 덮고 3시간 정도 더 절인다.

5 3시간 후에 알배추가 부채꼴 모양으로 펼쳐지면 잘 절여진 것이다. 절인 배추는 씻어서 체에 밭쳐 물기를 뺀다.

겨울 보쌈김치

옛날에는 궁궐이나 개성의 상류층에서 즐겼다는 보쌈김치는 각종 해물과 함께 잣, 대추 등 귀한 재료가 듬뿍 들어간 정성 가득한 김치다. 입동이 지나고 해물이 가장 싱싱하고 맛이 있을 때 담가서 귀한 손님상이나 부모님 생일상에 올려 드리면 좋다. 보쌈김치의 명칭은 봇짐을 싼 것 같다 하여 '보쌈김치', '쌈김치' 등으로 부른다.

노고추 음식공방의 비법
보쌈김치는 보관이 어려운 것이 흠이다. 담근 지 사나흘이 지나 먹기 시작하면 된다.

담그는 법

6개

주재료
절인 배춧잎 24장
미나리 12줄기
무 250g
배 1개
대추 10개
밤 15개
낙지 2마리
전복 5마리
쪽파 30g
잣 100g

양념 재료
고춧가루 30g
다진 마늘
2큰술+1/2큰술(50g)
다진 생강
1큰술+1/2큰술(15g)
초피액젓 2큰술(20g)
새우젓 1큰술

절임물 재료
물 6ℓ
굵은소금(천일염) 1컵

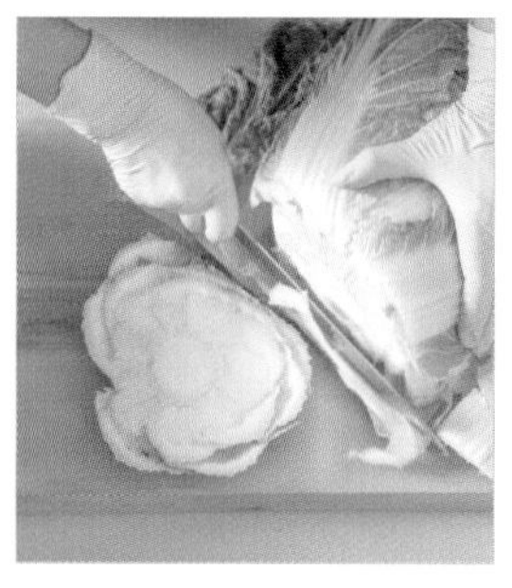

1 배추는 밑동을 자르고 한 잎씩 떼어낸다.

2 물 6컵에 굵은소금 1컵을 넣어 녹인다.

3 소금물에 배춧잎을 넣어 앞뒤를 굴려 가며 9~10시간 정도 절인다. 이때 배춧잎이 찢어지지 않도록 한다.

살살 절여 물에 깨끗이 헹궈 체에 밭쳐 물기를 쏙 뺀다.

4 미나리는 다듬어 소금물에 절여 물기를 꼭 짠다.

5 무와 배는 나박하게 썬다.

6 대추는 채 썰고 밤은 나박하게 썬다.

7 낙지와 전복은 손질하여 먹기 좋은 크기로 썬다.

8 쪽파는 송송 썬다. 다진 마늘, 다진 생강, 초피액젓, 새우젓을 준비한다.

9 볼에 낙지, 전복, 무채, 대추채, 밤채, 다진 마늘, 다진 생강, 초피액젓, 새우젓, 쪽파, 고춧가루, 잣을 넣어 버무린다.

10 절인 배춧잎의 줄기 끝을 칼로 잘라낸다. 배춧잎 끝을 잘라내면 모양이 더 예쁘다. 잘라낸 배춧잎도 소에 넣어 버무린다.

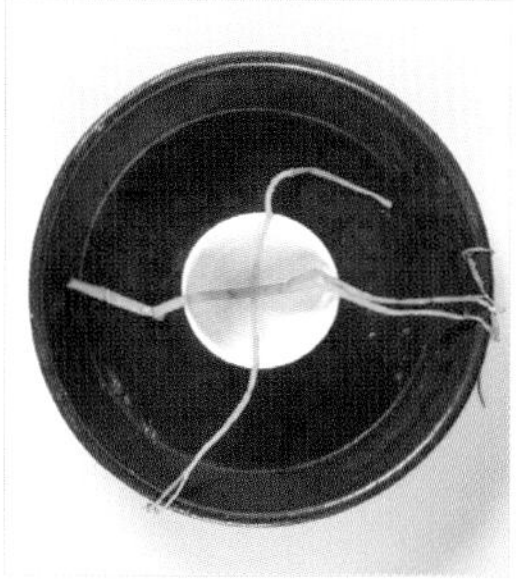

11 미나리는 밥공기에 열십자로 얹는다.

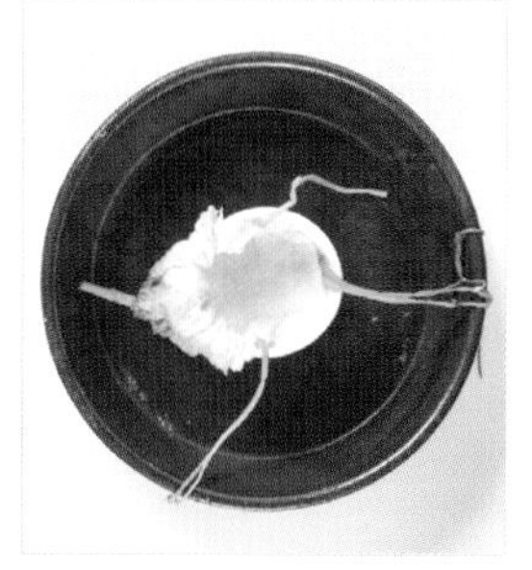

12 배춧잎의 앞면이 위로 가도록 얹는다.

13 배춧잎의 줄기가 가운데로 모이도록 하여 4장을 얹는다.

14 소를 채운다.

15 배춧잎으로 감싼다.

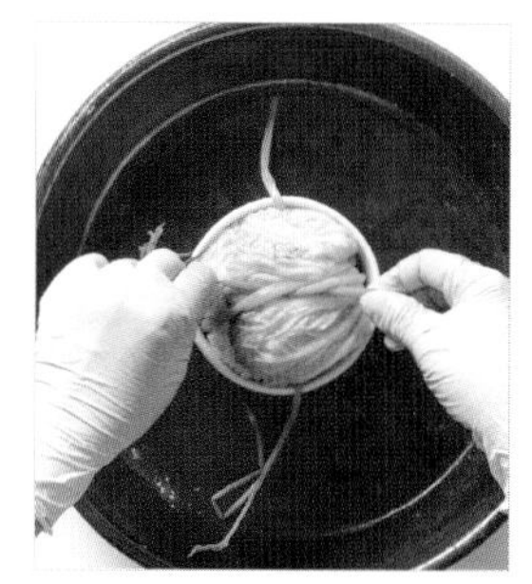

16 미나리로 묶어 김치통에 담아 실온에 2~3일 두었다가 바로 냉장 보관한다.

2~3일 후부터 20일 정도 맛있게 먹을 수 있다.

시골의 봄은 부지런함만 있으면 밥상이 풍성해진다.
파종을 하지 않아도 집 안팎이 먹거리 천지다.
땅에는 달래, 돌나물, 냉이, 민들레, 쑥, 머위가 올라오고
나무에도 새순이 돋는다.
겨우내 부족했던 필수 영양분을 듬뿍 품고 있으니
봄에 나는 재료들은 보약이다.

봄에 나오는 어린 재료들은 부드러워
겉절이로 만들어 먹는다.
겉절이 재료는 김치도 담글 수 있다.

쓴맛이 나는 봄나물을 캐서 사과와 배, 매실 등을 넣어
새콤달콤 겉절이도 만들어 먹고
김치나 장아찌도 담그고
나물로도 먹는 봄날의 지혜가 필요한 순간이다.

김치를 담그기 위해 봄에 준비해야 하는 재료가 많다.
소금의 간수를 빼야 하고
내년에 먹을 젓갈도 담그고
여름에 먹을 채소도 파종해야 한다.

이것저것 갈무리하다 보면 짧은 봄은 더 짧게 가버린다.

담
근
다

봄
김치

돌미나리 겉절이

집 근처에는 돌미나리가 군데군데 무리를 지어 자란다. 바구니와 과도를 들고 돌미나리 수확에 나서면 금세 한 바구니 가득 찬다. 향은 입안 가득 퍼지고 줄기는 야들야들하여 겉절이로 만들어 먹으면 김장김치에 물린 입맛을 산뜻하게 돋운다. 봄 미나리의 향을 살리기 위해 쪽파나 부추 등의 부재료를 넣지 않고 간단히 담그는 겉절이다.

노고추 음식공방의 비법

새콤한 맛을 좋아하면 식초를 더 넣으면 되고, 마늘을 좋아하면 다진 마늘을 1/2큰술 정도 넣는다.

담그는 법

4인분

주재료
돌미나리 100g

양념 재료
고춧가루 1큰술
초피액젓 2큰술
매실청 1큰술
식초 1큰술
참기름 1큰술
통깨 1큰술

대체 식재료
돌미나리 ▶ 미나리
초피액젓 ▶ 멸치액젓, 까나리액젓

1 돌미나리는 깨끗이 씻어 물기를 빼고 뿌리 쪽을 잘라내고 2~3cm 길이로 썬다.

2 큰 그릇에 고춧가루, 초피액젓, 매실청, 식초, 참기름, 통깨를 넣어 섞는다.

3 양념에 돌미나리를 넣어 가볍게 버무려 김치통에 담아 바로 냉장 보관한다.

돌미나리 이야기

돌미나리는 밭에서 자라는 밭미나리나 개울가 주변에서 자라는 야생 미나리를 뜻한다. 재배하는 일반 미나리와 영양적으로 큰 차이는 없지만 길이가 더 짧고 향이 진하다.

2~3일 정도 맛있게 먹을 수 있다.

얼갈이배추 겉절이

얼갈이배추는 속이 차기 전에 수확한 배추를 의미하는데 요즘은 겨울에도 비닐하우스에서 키워 사계절 내내 맛볼 수 있다. 김장배추는 고소한 맛이 나는 반면 얼갈이배추는 풋풋한 맛이 난다. 배추가 귀한 봄철에 열무와 함께 밥상을 책임지는 대체 채소로 겉절이나 김치를 담가 먹어도 좋고 된장국에 넣어도 맛있다. 얼갈이배추 겉절이에는 고춧가루를 부족한 듯 쓰는 것이 식감을 살리는 비결이다.

노고추 음식공방의 비법
새콤한 맛을 좋아하면 식초를 더 넣는다.

담그는 법

4인분

주재료
얼갈이배추 150g(1/4단)
쪽파 30g

양념 재료
고춧가루 1큰술
다진 마늘 1큰술
초피액젓 2큰술
매실청 1큰술
식초 1큰술
참기름 1큰술
통깨 1큰술

대체 식재료
초피액젓 ▶ 멸치액젓, 까나리액젓
매실청 ▶ 유기농 설탕, 배

1 얼갈이배추는 시들거나 누런 겉잎을 떼어내고 칼로 뿌리를 자른다.

2 얼갈이배추는 살살 깨끗이 씻어 먹기 좋게 3~4cm 길이로 자른다.

3 쪽파는 2~3cm 길이로 썬다.

4 큰 그릇에 고춧가루, 다진 마늘, 초피액젓, 매실청, 식초, 참기름을 넣어 섞는다.

5 양념에 얼갈이배추와 쪽파를 넣어 살살 버무려 통깨를 뿌려 김치통에 담아 바로 냉장 보관한다.

얼갈이배추 이야기

중국 북부 지역이 원산지인 얼갈이배추는 겨울 재배용과 여름 재배용 종자로 나뉜다. 포천, 남양주, 일산 등 경기도 지역에서 많이 재배된다.

2~3일 정도 맛있게 먹을 수 있다.

미나리 물김치

초봄 향긋한 미나리로 물김치를 담가 먹으면 입맛을 돋울 수 있다. 고맙게도 집 근처에 유명한 미나리 산지가 있다. 해발 200미터 이상의 팔공산 자락에서 150미터 이상의 깊은 지하 암반수를 먹고 크는 팔공산 미나리는 2월 말부터 나오기 시작한다. 그 향이 진하고 향기로워 물김치를 담가 먹으면서 봄을 즐긴다.

노고추 음식공방의 비법
무나 미나리는 절이지 않아야 더 아삭하며 설탕 대신 단맛을 내기 위해 배나 매실청을 넣으면 좋다.

담그는 법

6인분

주재료
미나리 줄기 100g
무 250g
배 1/2개

밀가루풀물 재료
물 3컵
밀가루 1큰술

양념 재료
고춧가루 1큰술
다진 마늘 1큰술
다진 생강 1/4큰술
초피액젓 3큰술

대체 식재료
초피액젓 ▶ 멸치액젓, 까나리액젓

1 밀가루풀물을 쑤어 식힌 다음 고춧가루를 넣어 섞는다.

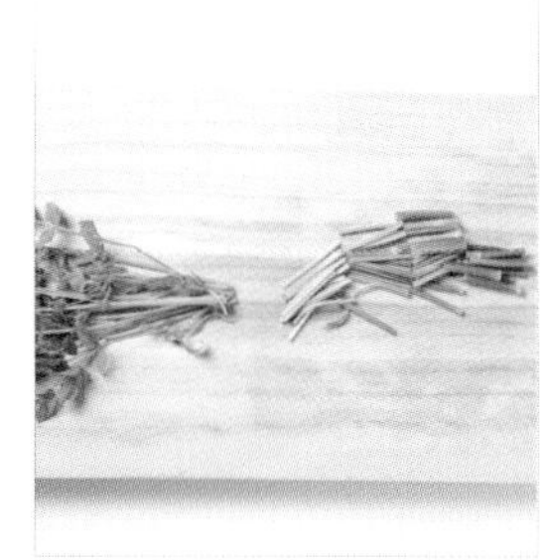

2 미나리는 깨끗이 씻어 줄기만 2~3cm 길이로 썬다.

3 무는 가로, 세로 3~4cm 크기로 납작하게 썬다.

4 배는 강판에 갈아 즙을 내어 1/2컵을 준비한다.

5 큰 그릇에 미나리, 무, 배즙을 담고 다진 마늘과 다진 생강은 베주머니에 담아 넣고 초피액젓을 넣는다.

6 고춧가루를 섞은 풀물을 거름망에 밭쳐 넣고 재료를 섞어 김치통에 담는다. 실온에서 8시간 정도 익혀 냉장 보관한다.

일주일 정도 맛있게 먹을 수 있다.

미나리 이야기

미나리는 피를 맑게 하는 작용을 하여 몸에 독소가 많이 쌓인 현대인들에게 적합한 채소이다.
또한 고혈압이나 여성 질환에도 효능이 있는 것으로 알려져 있다.
대표적인 미나리 산지로는 경북 청도, 대구 팔공산, 경남 의령, 전남 나주 등이 있다. 4월에 많이 나오는 미나리는 5월이 되면 질겨지므로 늦봄이 오기 전에 부지런히 맛봐야 한다.

돌나물 물김치

봄비가 자주 내릴 때에는 돌나물을 맛본다. 집 담장의 바위틈에서 싱싱하게 자라는 돌나물을 뜯어 물김치를 담그거나 겉절이를 해 먹으면 다른 반찬이 없어도 맛있게 밥 한 그릇을 비울 수 있다. 경상도 지역에서는 돌나물이나 미나리로 물김치를 많이 먹어 왔다.

노고추 음식공방의 비법

돌나물은 절이지 않고 쓰는데 조직이 연해서 살살 만져야 풋내가 나지 않는다.
무는 절여 물에 헹구지 말고 양념에 버무린다. 돌나물 물김치는 쉽게 물러 담가서 바로 먹어야 한다.

담그는 법

6인분

주재료
돌나물 300g
무 200g
굵은소금 1큰술
쪽파 30g
배 1/2개

밀가루풀물 재료
물 3컵
밀가루 1큰술

양념 재료
고춧가루 1큰술
초피액젓 2큰술
다진 마늘 1큰술
다진 생강 1/4큰술
고운 소금 2큰술

대체 식재료
초피액젓 ▶ 멸치액젓, 까나리액젓
배 ▶ 매실청

1 밀가루풀물을 쑤어 식힌 다음 고춧가루를 넣어 섞는다.

▶

2 돌나물은 다듬어 물에 깨끗이 씻어 체에 밭쳐 물기를 뺀다.

3 무는 가로, 세로 5cm 크기로 납작하게 썬다.

4 무는 굵은소금 1큰술을 뿌려 20분 정도 절인다.

5 쪽파는 잘게 썰고 배는 강판에 갈아 즙을 내어 베주머니에 넣거나 면포로 짠다.

6 큰 그릇에 돌나물, 절인 무, 쪽파를 넣고 다진 마늘과 다진 생강은 베주머니에 넣고 초피액젓, 고운 소금을 넣는다. 풀물을 거름망에 밭쳐 넣고 재료를 버무려 김치통에 담아 실온에서 8시간 정도 익혀 냉장 보관한다.

일주일 정도 맛있게 먹을 수 있다.

돌나물 이야기

돌나물을 비롯한 봄나물은 미네랄과 비타민 C가 풍부하여 춘곤증을 막고 피로를 풀어주는 음식 보약으로 주목을 받고 있다. '석상채'라고도 부르는 돌나물은 맛이 쓴 새순을 사용하면 좋다. 즙을 내어 마시면 피로회복에 도움이 된다고 한다.

두릅 물김치

'산채의 제왕'이라 불리는 두릅은 두릅나무에서 돋는 새순인 나무두릅과 땅에서 나는 땅두릅이 있다. 참두릅이라고도 부르는 나무두릅은 재배한 땅두릅에 비해 맛과 향이 좋다. 독특한 향이 매력적인 두릅은 살짝 데쳐 초고추장을 찍어 먹기도 하고 튀겨 먹어도 맛있지만 김치로 담가 먹어도 별미다.

노고추 음식공방의 비법

두릅김치는 쓴맛이 강해서 실온에서 24시간 정도 익혀 냉장 보관하여 먹는다.

담그는 법

10인분

주재료
두릅 250g
배 1/2개
양파 1개

절임물 재료
물 2컵
굵은소금 2큰술

밀가루풀물 재료
물 1ℓ
밀가루 1큰술

양념 재료
고운 고춧가루 1큰술
다진 마늘 1큰술
다진 생강 1/4큰술
초피액젓 3큰술
고운 소금 1큰술

대체 식재료
초피액젓 ▶ 멸치액젓, 까나리액젓

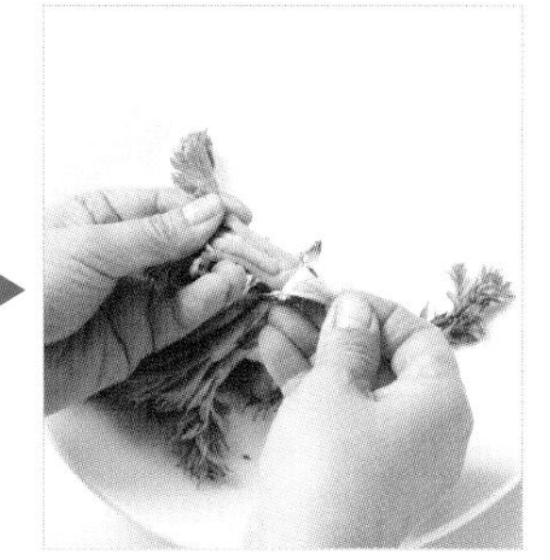

1 두릅은 칼로 밑동을 잘라내고 떡잎은 손으로 떼어내고 다듬는다.

2 두릅을 절임물(물 2컵, 굵은소금 2큰술)에 1시간 정도 절인다.

3 밀가루풀물을 쑤어 식힌다.

4 배는 강판에 갈아 즙을 내어 베주머니에 넣거나 면포로 짠다.

5 절인 두릅은 물에 헹궈 체에 밭쳐 물기를 빼서 굵은 것은 먹기 좋게 한 잎씩 떼어 그릇에 담는다.

6 양파는 반으로 잘라 채 썬다.

7 풀물에 고운 고춧가루를 섞어 거름망에 걸러 큰 그릇에 담고 다진 마늘과 다진 생강을 베주머니에 담아 넣는다.

8 배즙, 초피액젓, 고운 소금, 두릅과 양파를 넣어 버무려 김치통에 담아 실온에서 12시간 정도 익혀 냉장 보관한다.

10일 정도 맛있게 먹을 수 있다.

두릅 이야기
채취 시기도 짧고 채취량도 적어 귀한 자연산 나무두릅은 주로 강원도에서 나고 땅두릅은 강원도와 충북 지역에서 많이 생산된다. 새순이 벌어지지 않고 껍질이 붙어 있는 짧은 것, 크기가 작으면서도 굵은 것, 크기가 일정한 것이 상품이다.

달래 겉절이

봄의 전령사인 달래는 김치를 담가 먹거나 된장찌개를 끓여 먹어도 좋다. 특히 달래 양념장을 만들어 밥에 비벼 먹으면 이보다 더 훌륭한 봄 미각은 없다. 초봄에 달래를 먹으면 좋은 이유는 비단 맛 때문만은 아니다. 달래는 성질이 따뜻하고 매운맛을 지녀 몸이 냉한 사람에게 좋다. 또 위염이나 불면증을 치료하는 효능을 지녔다고 하며 피를 생성시키는 보혈 약재로 쓰이기도 한다.

노고추 음식공방의 비법

달래는 '작은 마늘'로 불릴 정도로 매운맛이 나기 때문에 겉절이나 김치를 담글 때는 마늘을 따로 쓰지 않는다.

담그는 법

4인분

주재료
달래 100g

양념 재료
고춧가루 1큰술
초피액젓 2큰술
식초 1큰술
매실청 1큰술
통깨 1큰술

대체 식재료
초피액젓 ▶ 멸치액젓, 까나리액젓

1 달래는 깨끗이 다듬어 물에 씻어 물기를 뺀다.

2 달래를 5cm 길이로 썬다.

3 고춧가루, 초피액젓, 식초, 매실청, 통깨를 섞는다.

4 큰 그릇에 달래를 담고 양념을 넣어 버무려 김치통에 담아 바로 냉장 보관한다.

달래 이야기

알뿌리가 작은 달래는 덜 성숙한 것이다. 알뿌리가 굵은 것일수록 향이 강하지만 지나치게 커도 맛이 떨어진다. 달래는 줄기가 싱싱하고 알뿌리가 뒤엉켜 있지 않은 것이 좋다.

2~3일 정도 맛있게 먹을 수 있다.

명이 김치

울릉도에서 자생하는 명이는 '산마늘', '명이나물', '맹이나물', '망부추', '산총' 등 다양한 이름으로 불리는데, 울릉도 사람들은 식량이 부족했던 겨울에 하얀 눈을 헤치고 명이를 캐다 삶아 먹고 명을 이었다고 하여 '명이(茗荑)'라 한다. 일본에서는 수도승들이 즐겨 먹어 '행자(行者) 마늘'이라고 부른다. 명이는 주로 간장으로 장아찌를 담가 밥이나 고기 요리에 곁들여 먹는데 고춧가루를 넣어 김치를 담가도 아주 맛있다. 이 김치는 울릉도의 한 식당에서 맛보고 나서 만들게 되었다.

노고추 음식공방의 비법

명이는 매콤하면서 마늘 맛이 나므로 마늘을 넣지 않는다.

담그는 법

8인분

주재료
명이 250g
쪽파 30g

절임물 재료
물 2컵
굵은소금 2큰술

찹쌀풀 재료
맛국물 1/2컵
찹쌀가루 2큰술

양념 재료
고춧가루 2큰술
다진 생강 1/4큰술
초피액젓 1큰술
새우젓 1/2큰술

대체 식재료
초피액젓 ▶ 멸치액젓, 까나리액젓

명이 이야기

울릉도는 고비, 미역취, 전호, 삼나물, 부지깽이 등 산나물의 산지다. 산마늘인 명이도 울릉도가 가장 유명하다. 울릉도에서 자생하는 명이는 은방울꽃과 모양이 비슷하나 명이가 잎이 더 넓고 부드럽다. 울릉도 명이는 잎이 넓고 맛이 순하며 치악산 것은 잎이 길고 향이 진하다고 한다. 강원도 인제에서는 울릉도에서 들여온 명이를 재배하기도 한다.

1 명이는 깨끗이 씻어 손질하여 절임물(물 2컵, 굵은 소금 2큰술)에 1시간 정도 절인다.

2 찹쌀풀을 쑤어 식힌 다음 양념 재료인 고춧가루, 다진 생강, 초피액젓, 새우젓을 넣어 섞는다.

3 절인 명이는 물에 깨끗이 헹궈 물기를 빼서 먹기 좋은 길이로 썰어 큰 그릇에 담는다.

4 쪽파는 3~4cm 길이로 썰어 명이 그릇에 담고 양념을 넣어 버무린다. 김치통에 담아 실온에서 12시간 정도 익혀 냉장 보관한다.

한 달 정도 맛있게 먹을 수 있다.

유채 무 섞박지

개나리, 진달래, 벚꽃 등과 함께 흐드러지게 피어 봄을 알리는 유채. 유채를 먹는다고 하면 놀라는 이도 있지만 유채로 나물도 해 먹고 샐러드나 김치를 담가 먹어도 좋다. 봄이 되어 새 김치가 먹고 싶을 때 유채를 사다가 무와 함께 섞박지를 담그면 입안 가득 봄이 들어온 듯하다. 봄꽃처럼 반갑고 상큼한 김치다.

노고추 음식공방의 비법
유채는 꽃대가 나오면 심이 생겨 질기다.

담그는 법

20인분

주재료
유채 200g
무 400g(1/4개)
굵은소금 1큰술
쪽파 5뿌리

찹쌀풀 재료
맛국물 1/2컵
찹쌀가루 2큰술

양념 재료
고춧가루 3큰술
다진 마늘 1/2큰술
다진 생강 1/4큰술
초피액젓 2큰술
새우젓 1큰술
매실청 1큰술
통깨 1큰술

대체 식재료
초피액젓 ▶ 멸치액젓, 까나리액젓

유채 이야기

요즘은 상춘객들을 불러 모으는 관상용 꽃으로 전락했지만 유채는 예부터 나물로 무쳐 먹고 김치를 담가 먹었다. 제주도에서는 유채 기름을 짜서 먹었기에 '지름나물'이라고도 했다. 요즘은 유채를 '하루나'라 하는데 봄에 나는 채소를 뜻하는 일본말이다. 유채에는 비타민 C가 풍부하고 항산화제인 비타민 A도 배추보다 12배나 많다고 한다.

1 유채는 먹기 좋게 3~4cm 길이로 자르고 무는 가로, 세로 2~3cm 크기로 납작하게 썰어 굵은소금 1큰술에 1시간 30분 정도 절인다.

2 찹쌀풀을 쑤어 식힌 다음 고춧가루, 다진 마늘, 다진 생강, 초피액젓, 새우젓, 매실청, 통깨를 넣어 섞는다.

3 유채와 무는 물에 헹궈 소쿠리나 체에 밭쳐 물기를 뺀다.

4 큰 그릇에 유채와 무를 넣고 양념을 넣어 버무려 김치통에 담는다. 실온에서 8시간 정도 익혀 냉장 보관한다.

20일 정도 맛있게 먹을 수 있다.

머위 김치

봄이 되면 텃밭에서 삐죽삐죽 얼굴을 내밀다가 어느새 여린 잎이 풍선처럼 점점 부풀어 오르듯 쑥쑥 자라는 머위. '머우', '멍우', '머구', '관동화'라는 다양한 이름이 있다. 초봄에 나는 머위의 어린잎은 데쳐 나물이나 겉절이를 해 먹고 김치도 담근다. 머위의 쌉싸래한 맛은 몸을 건강하게 하는 느낌이 든다. 머위의 잎이 커지면 전을 부쳐 먹고, 삶아서 쌈을 싸 먹는다. 여름이 되면 머위 잎이 억세고 쓴맛이 강해서 먹지 못하니 대신 줄기를 볶아 먹는다. 봄부터 여름까지 머위가 있어 반찬 걱정을 덜 수 있다.

노고추 음식공방의 비법

장아찌처럼 오래 두고 먹을 수 있는 김치다.

담그는 법

8인분

주재료
머위 150g
쪽파 30g

절임물 재료
물 1/2컵
굵은소금 2큰술

찹쌀풀 재료
맛국물 1/2컵
찹쌀가루 1큰술

양념 재료
고춧가루 2큰술
다진 마늘 1큰술
다진 생강 1/4큰술
초피액젓 2큰술
매실청 2큰술

대체 식재료
초피액젓 ▶ 멸치액젓, 까나리액젓

1 머위는 쓴맛이 강하므로 어린잎으로 준비하여 한 번 씻은 다음 절임물(물 1/2컵, 굵은소금 2큰술)에 30분 정도 절인다.

2 절인 머위는 소쿠리나 체에 밭쳐 물기를 뺀다.

3 찹쌀풀을 쑤어 식히고 고춧가루, 다진 마늘, 다진 생강, 초피액젓, 매실청을 섞어 머위를 넣고 버무린다. 김치통에 담아 실온에서 8시간 정도 익혀 냉장 보관한다.

머위 이야기

머위는 섬유질이 풍부하고 열량이 낮은 다이어트 식품이다. 머위 잎은 억세지 않은 것으로 골라야 하고 머윗대는 새끼손가락만 한 굵기에 대가 곧게 뻗은 것이 상품이다.

20일 정도 맛있게 먹을 수 있다.

갓김치

김장 때 담근 갓김치는 늦은 봄과 여름에 꺼내 먹으면
깊은 맛이 난다. 갓은 주로 남해나 여수에서 많이
나는데 김장 때 양념으로 쓰는 갓과 여수에서 나는
김치를 담그는 갓은 다르다.

노고추 음식공방의 비법
갓의 매운맛을 좋아하는 사람은 김치를 담가 바로 먹어도 좋다.
바나나를 으깨어 넣으면 달콤한 맛이 나면서 맛도 있다.

담그는 법

4인 가족 한 달 치

주재료
갓 1단(2.3kg 정도)
무(간 것) 400g
쪽파 300g

절임물 재료
물 2ℓ
굵은소금 200g

찹쌀풀 재료
맛국물 1컵(180g)
찬밥 2큰술

양념 재료
고춧가루 1컵+1/2컵(150g)
다진 마늘 3큰술(60g)
다진 생강 1큰술(10g)
초피액젓 1/2컵(120g)
새우젓 3큰술(60g)
양파 1개
매실청 3큰술(30g)

대체 식재료
초피액젓 ▶ 까나리액젓, 멸치액젓

1 갓은 겉잎만 손질하여 절임물(물 2ℓ, 굵은소금 200g)에 2시간 정도 절여 깨끗이 헹궈 물기를 뺀다. 깨끗이 헹군 갓은 3시간 정도 물기를 뺀다.

2 무와 양념 재료인 양파는 강판에 간다.

3 맛국물에 찬밥을 넣어 끓여 식히고 무즙을 넣어 섞는다.

4 찹쌀풀에 고춧가루, 다진 마늘, 다진 생강, 초피액젓, 새우젓, 양파즙, 매실청을 넣어 섞는다.

5 양념에 갓과 쪽파를 넣고 버무린다.

6 갓과 쪽파를 한 번에 먹을 분량씩 묶어 김치통에 담고 실온에서 4~5일 정도 익혀 냉장 보관한다.

갓 이야기

갓은 푸른색과 보라색이 있는데 푸른색은 부드럽고 보라색은 향이 진하다. 갓김치는 줄기가 넓고 연하며 싱싱한 여수 돌산갓이 좋다.

한 달 정도 맛있게 먹을 수 있다.

가죽 김치

사찰 음식을 통해 세간에 널리 알려진 가죽. '참죽'이라고도 불리는 가죽은 고추장과 버무려 전을 부쳐 먹기도 하고 장아찌를 담가 먹기도 하고 찹쌀풀에 버무려 말려 부각을 만들어 먹기도 한다. 그리고 봄시장에 잠깐 나오는 가죽으로 김치를 담그는 일도 빼놓지 않는 연례행사다.

노고추 음식공방의 비법

가죽은 쌈으로도 먹기 때문에 담가서 바로 먹을 수 있고 오래 두고 먹어도 좋다.

담그는 법

10인분

주재료
가죽 250g

절임물 재료
물 2컵
굵은소금 2큰술

찹쌀풀 재료
맛국물 1/2컵
찹쌀가루 2큰술

양념 재료
고춧가루 2큰술
다진 마늘 1큰술
다진 생강 1/4큰술
초피액젓 3큰술
매실청 2큰술

대체 식재료
초피액젓 ▶ 멸치액젓, 까나리액젓

1 가죽은 손질하여 절임물(물 2컵, 굵은소금 2큰술)에 1시간 정도 절인다.

2 찹쌀풀을 쑤어 식힌 다음 고춧가루, 다진 마늘, 다진 생강, 초피액젓, 매실청을 넣어 섞는다.

3 절인 가죽을 깨끗이 씻어 물기를 뺀 다음 끝부분을 잘라낸다.

4 큰 그릇에 가죽과 양념을 넣고 버무려 김치통에 담아 냉장 보관한다.

가죽 이야기

가죽은 봄에 나는 산채의 하나로 독특한 향이 나며 칼슘이 풍부하다. 잎이 두껍지 않으며 만져보아 부드럽고 연한 것, 보랏빛을 띠는 것이 좋다.

한 달 정도 맛있게 먹을 수 있다.

초피 잎김치

초피나무의 잎을 초피 잎이라 하는데 향이 강하고 독특한 맛이 있어 먹으면 입안이 개운하다. 불가에서는 머리에 충을 없앤다 하여 약으로 먹었다고 한다. 초피 잎으로는 장아찌나 김치를 담그기도 하고 장떡을 부쳐 먹기도 한다. 열매는 김치에 넣거나 껍질을 갈아서 추어탕에 넣기도 한다. 채소의 풋내와 육류의 누린내, 민물고기의 비린내를 없애준다.

노고추 음식공방의 비법
초피의 향이 강하니 마늘이나 생강은 쓰지 않는 것이 좋다.

담그는 법

20인분

주재료
초피 잎 100g

찹쌀풀 재료
찹쌀가루 3큰술
맛국물 1/2컵

양념 재료
고춧가루 1큰술
초피액젓 3큰술
매실청 2큰술

대체 식재료
초피액젓 ▶ 멸치액젓, 까나리액젓

1 초피 잎은 억센 줄기를 잘라내어 다듬고 깨끗이 헹궈 물기를 뺀다.

2 찹쌀풀을 쑤어 식힌 다음 고춧가루, 초피액젓, 매실청을 넣어 섞는다.

3 큰 그릇에 초피 잎을 담고 양념을 넣고 버무려 김치통에 담아 바로 냉장 보관한다.

초피 이야기

경상도에서는 '재피', 충청도에서는 '젠피', 이북에서는 '조피'라 부른다. 매운 성분과 향기가 있지만 사람에게는 독성이 없다고 한다. 초피 잎이 크면 질기므로 어린잎으로 만드는 것이 좋다.

한 달 정도 맛있게 먹을 수 있다.

풋마늘대 김치

2월이면 남쪽 지방에서 풋마늘이 나온다는 소식이 들린다. 풋마늘은 '아직 덜 여문 마늘'이라는 뜻이다. 마늘통이 굵어지기 전에 수확하여 데쳐서 나물로 무쳐 먹거나 김치, 볶음, 겉절이로 요리해 먹는다. 마늘대가 나오면 질기므로 김치에 적합하지 않으니 마늘대가 나오기 전에 담그는 것이 좋다.

노고추 음식공방의 비법
들깨가루의 고소한 맛이 마늘의 매운맛을 중화시킨다.

담그는 법

20인분

주재료
풋마늘대 300g(8대 정도)

절임물 재료
물 6큰술
굵은소금 4큰술

찹쌀풀 재료
맛국물 1컵
찹쌀가루 3큰술
들깨가루 1큰술

양념 재료
고춧가루 3큰술
다진 생강 1/4큰술
초피액젓 3큰술
새우젓 1큰술
매실청 1큰술

대체 식재료
초피액젓 ▶ 멸치액젓, 까나리액젓

★ 풋마늘대는 절이지 않고 담가도 맛있다.

1 풋마늘대는 겉잎을 떼어내고 뿌리를 자른다.

2 풋마늘대는 깨끗이 씻어 2~4cm 길이로 썬다.

3 절임물(물 6큰술, 굵은소금 4큰술)에 1시간 정도 절여 깨끗이 헹궈 물기를 뺀다.

4 찹쌀풀을 쑤어 식힌 다음 고춧가루, 다진 생강, 초피액젓, 새우젓, 매실청과 섞는다.

5 큰 그릇에 풋마늘대와 양념을 넣고 버무려 김치통에 담아 실온에서 24시간 정도 익혀 냉장 보관한다.

풋마늘 이야기

굵고 통통하게 살찐 것은 안에 심이 있어 질기므로 중간 정도의 굵기로 고른다. 뿌리 부분을 휘었을 때 부드럽게 휘면 제주나 남부 지방에서 재배한 것이고 조금 단단하고 탄력이 있으면 비닐하우스에서 재배한 것이다.

쑥
겉절이

봄 미각의 여왕은 쑥이다.
양념을 적게 써서 쑥의 맛과 향을 살려 무쳐 먹는 겉절이도 별미이고 쑥떡, 쑥국, 쑥튀김 등 여러 가지 요리로 봄맛을 즐길 수 있다. 또 차를 만들기도 하고 말려서 미숫가루에 넣어 먹기도 한다.

노고추 음식공방의 비법
큰 쑥은 맛이 쓰고 질기므로 어린 쑥을 준비한다.

담그는 법

4인분

주재료
쑥 50g
사과 1/4개(130g)

양념 재료
고춧가루 1큰술
초피액젓 1큰술
식초 1큰술
매실청 1큰술
통깨 1큰술

대체 식재료
초피액젓 ▶ 멸치액젓, 까나리액젓

1 쑥은 어린 것으로 골라 다듬어 깨끗이 씻어 물기를 뺀다.

2 사과는 깨끗이 씻어 껍질째 채 썬다.

3 고춧가루, 초피액젓, 식초, 매실청, 통깨를 섞는다.

4 큰 그릇에 쑥과 사과를 담고 양념을 넣어 버무려 김치통에 담아 바로 냉장 보관한다.

2일 정도 맛있게 먹을 수 있다.

쑥 이야기

맹자는 "7년 묵은 지병에 3년 묵은 쑥을 구하라"는 말을 남겼다고 한다. 쑥은 한방 재료로 오래전부터 사용해 왔다. 특히 여성 질환에 효과가 있어 만성적인 냉기와 습기를 해소한다고 한다. 또한 고혈압 개선과 콜레스테롤 제거에도 효능을 지녔다.

민들레 겉절이

양지 바른 마당 한 모퉁이에 나는 민들레를 캐 겉절이나 김치를 담가 먹는다. 민들레 겉절이는 꽃이 피면 꽃으로 영양이 가서 쓴맛이 나므로 꽃이 피기 전의 어린잎으로 담가야 가장 맛있다. 민들레는 다양한 요리법이 있어 꽃이나 큰 잎은 튀겨 먹는다. 말려서 끓여 마셔도 좋고 가루를 내어 요리에 넣거나 미숫가루에 넣어 먹어도 좋다. 또 동량의 설탕에 버무려 민들레청을 만들기도 한다.

노고추 음식공방의 비법
사과를 넣어 무쳐 먹어도 맛이 좋다.

담그는 법

4인분

주재료
민들레 50g
배 1/4개(150g)

양념 재료
고춧가루 1큰술
초피액젓 1큰술
식초 1큰술
매실청 1큰술
참기름 1큰술

대체 식재료
초피액젓 ▶ 멸치액젓, 까나리액젓

1 민들레는 한 잎 한 잎 떼어내어 꽃대를 제거하고 흐르는 물에 깨끗이 씻는다.

2 민들레를 소쿠리나 체에 밭쳐 물기를 뺀다.

3 배는 껍질을 벗겨 곱게 채 썬다.

4 고춧가루, 초피액젓, 식초, 매실청, 참기름을 섞는다.

5 큰 그릇에 민들레와 배를 담고 양념을 넣어 버무려 김치통에 담아 바로 냉장 보관한다.

2일 정도 맛있게 먹을 수 있다.

민들레 이야기

생명력이 강한 들꽃 정도로 여겨지던 민들레의 약효 성분이 알려지면서 즙이나 튀김, 국수, 김치 등으로 다양하게 먹는다. 민들레는 성질이 차서 열을 내리고 해독에도 탁월한 효능이 있다고 한다. 『동의보감』에는 '열독을 풀고 악창을 삭히며 멍울을 헤치고 식독을 풀며 체기를 내리는 데 뛰어난 효능이 있다'고 소개되어 있다.

파래 물김치

봄에 나는 채소로 부지런히 김치를 담글 때 빼놓지 않는 것이 있다. 김장김치 국물로 물김치를 담그는 일이다. 봄이 오면 김장김치 국물이 새콤하게 익어 입맛을 돋우는데 김치 국물에 파래를 넣어 담그는 간편한 김치다. 김장김치에 갖가지 양념이 들어 있기 때문에 따로 양념을 하지 않아도 된다.

노고추 음식공방의 비법

김장김치 국물이 짤 때는 배 대신 매실청과 생수를 써도 좋다.

담그는 법

4인분

재료
파래 1묶음(100g)
굵은소금 1큰술
김장김치 국물 1컵
배 1/4개(150g)
쪽파 3뿌리

1 파래는 굵은소금 1큰술을 넣어 조물조물 씻은 다음 흐르는 물에 3~4번 헹궈 물기를 뺀다.

2 김장김치 국물은 거름망에 밭쳐 국물만 준비한다.

3 배는 1/8개는 곱게 다지고 나머지는 갈아서 베주머니에 넣어 즙을 내고 쪽파는 곱게 다진다.

4 큰 그릇에 파래, 김장김치 국물, 다진 배, 배즙, 쪽파를 넣고 섞어 김치통에 담아 냉장 보관한다.

파래 이야기

바닷속 영양제인 파래는 칼륨, 요오드, 칼슘 등이 풍부하다. 열량이 낮고 섬유질이 풍부하여 변비 예방과 다이어트에도 효과적이다. 광택이 나며 특유의 향을 지닌 것으로 고른다.

일주일 정도 맛있게 먹을 수 있다.

톳 깍두기

봄에서 초여름까지 완도와 제주도에서는 톳을 수확하느라 바쁘다. 경상도에서는 씹으면 톡톡 터진다 하여 '톳나물'이라 하고 전북 고창에서는 '따시래기'나 '흙배기'라고 한다. 제주도에서는 '톨'이라 부르는데 보릿고개 시절 톳을 섞어 톳밥을 짓거나 데쳐서 먹었다고 한다. 주로 무치거나 밥을 지어 먹는 톳을 깍두기에 넣으면 바다 향 가득한 맛김치가 만들어진다. 톳이 짙은 바다 향을 품고 있어 그 맛이 무척 시원하다.

노고추 음식공방의 비법

봄부터 초여름까지 나오는 톳이 가장 연하고 맛있다.

담그는 법

10인분

주재료
톳 150g
무 600g
굵은소금 1큰술
배 1/2개
쪽파 30g

찹쌀풀 재료
맛국물 1/2컵
찹쌀가루 2큰술

양념 재료
고춧가루 3큰술
다진 마늘 1큰술
다진 생강 1/2큰술
초피액젓 2큰술
새우젓 1큰술
매실청 2큰술

대체 식재료
매실청 ▶ 유기농 설탕, 배
초피액젓 ▶ 까나리액젓, 멸치액젓

1 톳은 먹기 좋은 길이로 짤막하게 잘라 물에 헹군다.

2 무는 가로, 세로 1.5cm 크기로 썰어 굵은소금 1큰술에 30분 정도 절여 깨끗이 헹군다.

3 톳과 무는 소쿠리나 체에 밭쳐 물기를 뺀다.

4 배는 채 썰고 쪽파는 송송 썬다.

5 찹쌀풀을 쑤어 식혀, 고춧가루, 다진 마늘, 다진 생강, 초피액젓, 새우젓, 매실청을 섞는다.

6 큰 그릇에 톳, 무, 배, 쪽파를 넣고 양념을 넣어 버무려 김치통에 담아 냉장 보관한다.

톳 이야기
주문진 이남에서부터 서해안 장산곶까지 톳이 자라는데 특히 남해안과 제주에서 잘 자란다고 한다. 칼슘과 칼륨 등이 풍부하여 빈혈 예방에 도움을 주며 혈압이 높은 사람에게 좋은 해조류로 알려져 있다. 광택이 나며 굵기가 일정한 것으로 고른다.

10일 정도 맛있게 먹을 수 있다.

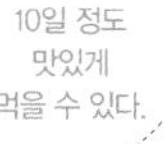

알타리 물김치

고춧가루를 넣지 않아 맵지 않은 김치다. 아이들이나 매운 것을 먹지 못하는 환자들을 위해 담그면 좋다.

어린이 김치 추천

노고추 음식공방의 비법

알타리는 절이고 나서 잘라야 한다. 미리 무를 잘라 절이면 무의 단맛과 아삭한 맛이 떨어진다. 또 다진 마늘과 다진 생강은 베주머니에 넣어 김치를 담가야 물김치의 국물이 깔끔하다.

담그는 법

20인분

주재료
알타리 1단(8개 정도)
쪽파 30g

절임물 재료
물 1컵
굵은소금 3큰술

밀가루풀물 재료
물 1.5ℓ
밀가루 2큰술

양념 재료
배 1개
홍고추 1개
다진 마늘 1큰술
다진 생강 1/4큰술
초피액젓 3큰술
고운 소금 2큰술

대체 식재료
초피액젓 ▶ 멸치액젓, 까나리액젓
매실청 ▶ 유기농 설탕

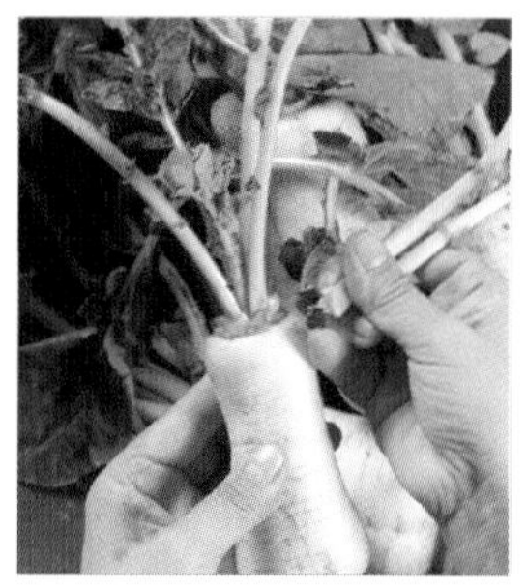

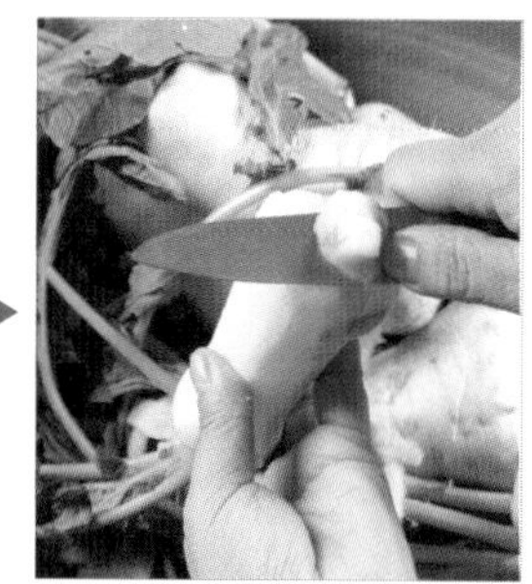

1 알타리의 겉잎은 떼어내고 칼로 뿌리의 지저분한 것을 손질한다. 필러로 껍질을 깨끗이 벗기고 칼로 밑동을 자른다.

2 알타리는 깨끗이 씻어 절임물(물 1컵, 굵은소금 3큰술)에 2시간 정도 절인다.

3 절인 알타리를 물에 헹궈 길이로 4~5등분한다.

4 밀가루풀물을 쑤어 식힌다.

5 쪽파는 2cm 길이로 썰고 홍고추는 반 갈라 씨를 빼고 채 썬다.

6 배는 강판에 갈아 즙을 내고 다진 마늘과 다진 생강은 베주머니에 넣는다.

7 큰 그릇에 알타리, 쪽파, 홍고추, 밀가루풀물, 다진 마늘과 다진 생강, 배즙, 초피액젓, 고운 소금을 넣고 버무린다. 실온에서 24시간 정도 두었다가 냉장 보관한다.

15일 정도 맛있게 먹을 수 있다.

알타리 이야기

김치를 담그는 알타리는 작고 단단하며 껍질이 얇고 표면이 매끈하고 무청이 부드러운 것이 좋다.

봄 쪽파김치

한여름 복날이 되면 콩국수를 말아 먹거나 삼계탕으로 몸보신을 하듯 봄이 되면 무조건 담게 되는 김치가 있다. 바로 쪽파김치다. 이제는 1년 내내 쪽파를 구할 수 있게 되었지만 가을에 심어 초봄에 수확하는 쪽파가 가장 맛있다. 봄 쪽파는 절이지 않고 담가도 맛이 좋다. 쪽파김치는 담가서 바로 먹을 수 있고 늦은 여름까지 냉장 보관도 가능하다.

노고추 음식공방의 비법
절이지 않고 깨끗하게 씻어 바로 담가도 맛이 좋다.

담그는 법

20인분

주재료
쪽파 800g

절임물 재료
물 2컵
굵은소금 5큰술

양념 재료
고춧가루 10큰술
다진 생강 1/2큰술
초피액젓 3큰술
새우젓 3큰술
매실청 2큰술
통깨 2큰술

대체 식재료
초피액젓 ▶ 멸치액젓, 까나리액젓
매실청 ▶ 유기농 설탕

1 쪽파는 다듬어 깨끗이 씻어 절임물(물 2컵, 굵은소금 5큰술)에 1시간 정도 절여 흐르는 물에 헹궈 물기를 뺀다. 절인 지 30분쯤 지나면 골고루 절여지도록 위아래를 뒤집는다.

2 큰 그릇에 쪽파를 담고 고춧가루, 다진 생강, 초피액젓, 새우젓, 매실청, 통깨를 섞어 넣는다.

절이지 않고 담그는 법

쪽파 800g, 찹쌀죽 1컵, 다진 마늘 1큰술, 다진 생강 1작은술, 고춧가루 4큰술, 초피액젓 4큰술, 새우젓 3큰술, 매실청 3큰술

3 양념에 쪽파를 살살 버무려 먹기 좋게 돌돌 말아 김치통에 담아 실온에서 24시간 정도 익혀 냉장 보관한다.

쪽파 이야기

실파는 생김새가 실처럼 아주 가는 파로 뿌리 부분을 빼고는 쪽파와 모양이 비슷하다. 실파는 뿌리가 일자이고 쪽파는 둥그스름한 편이다. 잎이 연하고 뿌리가 너무 크지 않고 일정한 것으로 고른다.

한 달 정도 맛있게 먹을 수 있다.

봄 부추김치

부추김치는 어느 계절에 담그는지에 따라 조금씩 차이가 있다. 하우스에서 키운 부추는 맛이 비슷비슷하지만, 노지에서 키운 봄부추는 단맛이 많다. 여름 부추는 수분이 많고 약간 싱겁고, 가을 부추는 수분이 적으며 약간 질기다.

노고추 음식공방의 비법
부추김치 담글 때 양배추를 넣고 담그면 맛이 있다.

담그는 법

30인분

주재료
부추 1kg
당근 1개

양념 재료
고춧가루 130g
다진 생강 1큰술(10g)
초피액젓 100g
새우젓 60g
통깨 8큰술(40g)
매실청 3큰술

대체 식재료
초피액젓 ▶ 초피액젓,
멸치액젓

1 부추는 뿌리와 끝을 다듬는다.

2 다듬은 부추는 먹기 좋은 길이로 자른다.

3 당근은 채 썬다.

4 고춧가루, 다진 생강, 초피액젓, 새우젓, 통깨를 준비한다.

5 볼에 다진 생강, 초피액젓, 새우젓, 당근채를 넣고 섞은 다음 부추를 넣어 가볍게 버무린다.

6 고춧가루를 넣어 버무린다.

7 통깨를 뿌린 다음 맛을 보아 매실청을 가감한다. 김치통에 담아 바로 냉장 보관한다.

바로 먹기 시작하여 30일 정도 맛있게 먹을 수 있다.

열무 물김치

열무의 뿌리는 작고 가늘지만 줄기는 굵고 푸른 잎이 많아 봄부터 여름 내내 김칫거리로 가장 많이 이용한다. 봄에 나는 열무는 수분이 적고 여리기 때문에 깨끗이 씻어 절이지 않고 바로 버무려도 좋다.

노고추 음식공방의 비법

열무를 절여 씻을 때, 양념에 버무릴 때 손에 힘을 주어 열무를 만지면 풋내가 나므로 살살 만진다. 무 대신 양파를 채 썰어 넣어도 맛있다.

담그는 법

10인분

주재료
열무 1단(1kg)
무 200g
쪽파 30g
홍고추 2개

절임물 재료
물 3컵
굵은소금 3큰술

보릿가루풀물 재료
물 4컵
보릿가루 1큰술

양념 재료
고춧가루 2큰술
다진 마늘 1큰술
다진 생강 1/2큰술
초피액젓 3큰술
매실청 2큰술

대체 식재료
초피액젓 ▶ 멸치액젓, 까나리액젓
매실청 ▶ 배

1 열무는 떡잎을 떼어내고 뿌리를 자른 다음 4~5cm 길이로 자른다.

2 열무는 흐르는 물에 깨끗이 씻어 절임물(물 3컵, 굵은소금 3큰술)에 1시간 정도 절여 물에 한 번 헹궈 소쿠리에 밭쳐 물기를 뺀다. 이때 중간에 한 번 정도 뒤집는다.

3 보릿가루와 물 4컵을 넣고 거품기로 저어가며 끓여 식힌다.

4 무는 일정한 두께로 채 썬다.

5 쪽파는 3~4cm 길이로 썰고 홍고추는 길이로 반 갈라 채 썬다.

6 큰 그릇에 열무, 무, 쪽파, 홍고추, 보릿가루풀물을 넣고 고춧가루를 거름망에 풀어 넣는다. 다진 마늘, 다진 생강, 초피액젓, 매실청을 섞어 넣고 살살 버무려 김치통에 담아 실온에서 8시간 정도 익혀 냉장 보관한다.

20일 정도 맛있게 먹을 수 있다.

열무 이야기

열무는 잎과 줄기가 억세지 않고 연한 것, 시들지 않은 것, 키가 너무 크지 않고 무가 날씬하고 곧은 것으로 고른다. 잎에 구멍이 숭숭 뚫려 있는 것이 농약을 많이 치지 않은 것이다.

양파 김치

늦봄 햇양파의 아삭한 맛을 그대로 즐겨도 좋고 익히면 매운맛이 적어지고 단맛이 나며 양파 특유의 향이 감돌면서 시원한 맛이 난다.

노고추 음식공방의 비법
양파에 매운맛이 있어 마늘은 쓰지 않는다.

담그는 법

20인분

주재료
양파 1kg(10개 정도)

절임물 재료
물 4컵
굵은소금 4큰술

찹쌀풀 재료
맛국물 1/2컵
찹쌀가루 2큰술

양념 재료
고춧가루 4큰술
초피액젓 5큰술
사과 1/4개
당근 50g

대체 식재료
초피액젓 ▶ 멸치액젓, 까나리액젓

1 양파는 작은 것으로 골라 껍질을 벗긴 다음 밑동이 잘리지 않게 조심하면서 4~8등분한다.

2 양파를 절임물(물 4컵, 굵은소금 4큰술)에 1시간 정도 절인다. 이때 위아래를 한 번 뒤집는다.

3 찹쌀풀을 쑤어 식힌다.

4 절인 양파는 깨끗이 씻어 칼집을 넣은 쪽이 아래로 가도록 하여 소쿠리나 체에 밭쳐 물기를 뺀다.

5 큰 그릇에 당근과 사과를 채 썰어 넣고 찹쌀풀, 고춧가루, 초피액젓을 넣어 섞는다.

6 칼집을 넣은 양파 사이사이에 소를 채워 김치통에 담아 냉장 보관한다.

양파 이야기
'서양에서 온 파'라는 뜻의 양파는 페르시아가 원산지로 조선시대에 전래된 것으로 알려져 있다. 맛에 따라 단 양파와 매운 양파, 색에 따라 황색, 적색, 백색으로 나뉜다. 양파를 쥐어보아 단단하고 껍질에 윤기가 돌며 잘 마른 것이 좋다. 양파김치를 담글 때는 크기가 작은 것으로 고른다.

15일 정도 맛있게 먹을 수 있다.

마늘종 김치

장아찌나 볶음으로 많이 해 먹는 마늘종은 '마늘속대' 또는 '마늘싹'이라고도 한다. 신선한 마늘종은 진한 녹색을 띠며 줄기가 곧고 탄력이 있다. 김치도 장아찌와 같이 익으면 새콤한 맛이 입맛을 돋운다.

노고추 음식공방의 비법
마늘종김치는 오랫동안 두고 먹을 수 있다.

담그는 법

30인분

주재료
마늘종 500g

절임물 재료
물 1ℓ
굵은소금 1컵

찹쌀풀 재료
맛국물 1컵
찹쌀가루 3큰술

양념 재료
고춧가루 3큰술
다진 생강 1/2큰술
집간장 5큰술
매실청 3큰술
통깨 1큰술

대체 식재료
매실청 ▶ 유기농 설탕

1 마늘종은 끝의 볼록하게 나온 마디는 질기므로 잘라낸다.

2 3~4cm 길이로 손으로 꺾거나 칼로 썬다.

3 마늘종은 절임물(물 1ℓ, 굵은소금 1컵)에 6시간 정도 절인다.

4 절인 마늘종은 물에 깨끗이 헹궈 소쿠리에 밭쳐 물기를 뺀다.

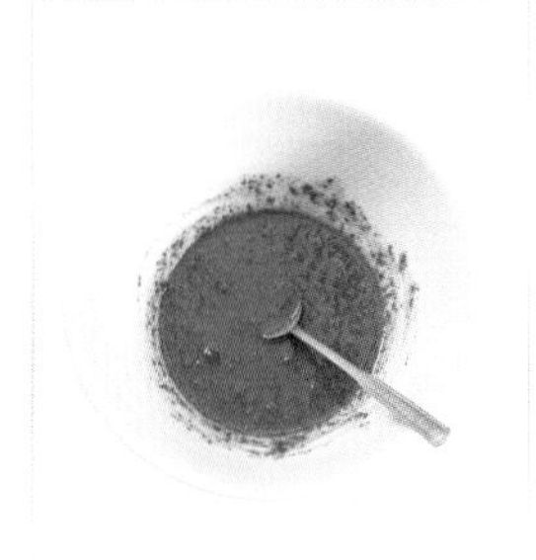

5 찹쌀풀을 쑤어 식힌 다음 고춧가루, 다진 생강, 집간장, 매실청, 통깨를 넣어 섞는다.

6 양념에 마늘종을 넣고 버무려 김치통에 담아 24시간 정도 실온에 두었다가 냉장 보관한다.

한 달 정도 맛있게 먹을 수 있다.

마늘종 이야기

마늘의 산지는 곧 마늘종의 산지다. 농촌진흥청은 동물실험 결과 마늘종이 고혈압과 복부 비만, 고지혈증, 당뇨 등의 대사증후군 개선에 효과적임을 입증했다고 발표했다. 이 연구 결과는 영국의 학술 전문지인 '식품 농업 과학 저널'의 인터넷 홈페이지에도 게재되었다.

나박 물김치

계절에 관계없이 가정에서 가장 즐겨 먹는 물김치는 나박 물김치가 아닐까. 무를 나박하게 썰었다고 해서 나박 물김치라고 하는데 국물 맛은 무가 좌우한다. 가을에 저장했던 무는 수분이 적어 절이지 않고 바로 담가도 아삭하게 식감이 살아 있어 좋다. 김장김치가 시어 입에 물리고 상큼한 김치를 맛보고 싶어지는 봄에는 저장 무로 나박 물김치를 담가 먹는다.

노고추 음식공방의 비법
소금에 버무린 무는 물에 헹구지 않는다.

담그는 법

10인분

주재료
무 600g
고운 소금 1큰술
배 1/4개
사과 1/2개
쪽파 50g
미나리 50g

밀가루풀물 재료
물 1ℓ
밀가루 1큰술

양념 재료
다진 마늘 1큰술
다진 생강 1/4큰술
초피액젓 4큰술
고춧가루 1큰술

대체 식재료
초피액젓 ▶ 멸치액젓

1 무는 껍질을 벗기고 깨끗이 씻어 가로, 세로 1.5cm 크기, 0.5cm 두께로 썰어 고운 소금 1큰술에 30분 정도 절인다.

2 냄비에 물 1ℓ, 밀가루 1큰술을 넣어 거품기로 저어가며 10분 정도 끓여 밀가루풀물을 쑤어 식힌다.

3 배는 강판에 갈아 즙을 짜고 사과는 무 크기로 나박하게 썰고 쪽파와 미나리는 2~3cm 길이로 썬다. 다진 마늘과 다진 생강은 베주머니에 넣는다.

4 큰 그릇에 밀가루풀물을 담고 고춧가루를 거름망에 풀어 넣고 초피액젓, 무, 배즙, 사과, 쪽파, 미나리, 다진 마늘과 다진 생강을 넣어 젓는다. 김치통에 담아 실온에서 8시간 정도 익혀 냉장 보관한다.

무 이야기

무는 요리에 따라 모양과 크기가 다른 것을 고르는 것이 좋다. 동치미 무는 작은 것이 좋고 김치의 소로 넣는 것은 매우면서 단맛이 나는 것이 적당하다. 무는 묵직하고 윤기가 나고 윗부분에 푸른색이 많은 것이 단맛이 많다.

20일 정도 맛있게 먹을 수 있다.

생멸치 배추김치

봄이면 바닷가에서는 쉽게 구할 수 있지만
내가 사는 대구에서는 싱싱한 멸치를
구하기가 쉽지 않다. 그래서 마음먹고 수산
시장에 몇 번 가야 생멸치를 구할 수 있다.
생멸치 구하는 게 쉽지 않지만 익을수록
감칠맛이 나는 맛있는 김치이다.

노고추 음식공방의 비법
생멸치는 머리와 내장을 떼어내고 소금에 버무려 일주일쯤 숙성시켜 양념에 버무려 먹으면 맛있다.

담그는 법

30인분

주재료
배추 2포기(6kg 정도)
무 1/2개(600g 정도)
배(중간 것) 1개
부추 100g
생멸치 500g

절임물 재료
물 2ℓ
굵은소금 3컵

찹쌀죽 재료
맛국물 3컵
찹쌀 80g

양념 재료
고춧가루 3컵
다진 마늘 4큰술
다진 생강 1큰술
초피액젓 1컵(240g)
새우젓 1/2컵(100g)

대체 식재료
초피액젓 ▶ 멸치액젓, 까나리액젓

1 배추는 손질하여 절임물(물 2ℓ, 굵은소금 3컵)에 8시간 정도 절여 물에 깨끗이 헹궈 소쿠리에 밭쳐 물기를 뺀다.

2 무와 배는 채 썰고 부추는 3~4cm 길이로 썬다.

3 생멸치는 머리를 떼어 내고 내장과 뼈를 제거한다.

4 찹쌀은 4시간 정도 불려 맛국물을 부어 압력솥에 찹쌀죽을 쑤어 식힌 다음 무, 배, 부추, 고춧가루, 다진 마늘, 다진 생강, 초피액젓, 새우젓을 넣어 섞는다.

5 소 양념에 생멸치를 얹고 살살 버무린다.

6 배추 사이사이에 소를 넣어 김치통에 담아 실온에서 10시간 정도 익혀 냉장 보관한다.

생멸치 이야기

멸치의 제철은 봄이다. 2월부터 6월 사이에 나는 멸치는 부드러운 육질과 감칠맛이 있다. 좋은 멸치는 싱싱하고 은빛이 나며 등은 푸르스름하다.

한 달 정도 맛있게 먹을 수 있다.

초피 배추김치

초피 열매가 익으면 열매 안에 까만 씨가 나온다. 씨는 먹지 않고 겉껍질을 말려 갈아서 생선찌개나 추어탕에 쓰면 좋다. 초피 잎은 이른 봄에 잠깐 나오므로 잎이 없으면 초가을 열매를 따서 두고 먹어도 좋다.초피 열매를 넣어 담근 배추김치는 매콤하고 알싸한 맛이 나며 바로 먹어도 맛있다. 초피 열매는 김치가 빨리 시지 않도록 하는 천연 방부제 역할을 해서 신선한 맛을 오래 즐길 수 있다.

노고추 음식공방의 비법

가을에 초피 열매를 구입해서 까만 씨는 버리고 열매의 껍질만 갈아서 요리에 사용한다.

담그는 법

20인분

주재료
배추 1.5kg
부추 100g
초피 열매가루 1큰술

절임물 재료
물 1ℓ
굵은소금 1/2컵

찹쌀풀 재료
맛국물 2컵
찹쌀가루 7큰술

양념 재료
배 1/2개
고춧가루 5큰술
다진 마늘 2큰술
다진 생강 1/2큰술
초피액젓 3큰술
새우젓 2큰술

대체 식재료
초피액젓 ▶ 멸치액젓, 까나리액젓
초피 열매가루 ▶ 초피 잎

1 배추는 손질하여 먹기 좋은 크기로 썬다.

2 배추는 절임물(물 1ℓ, 굵은소금 1/2컵)에 5시간 정도 절여 물에 깨끗이 헹궈 소쿠리에 밭쳐 물기를 뺀다.

3 찹쌀풀을 쑤어 식힌다.

4 부추는 3~4cm 길이로 썬다.

5 배는 강판에 갈아 즙을 낸다.

6 큰 그릇에 배추와 부추를 담는다. 찹쌀풀, 배즙, 고춧가루, 다진 마늘, 다진 생강, 초피액젓, 새우젓을 섞어 버무린 다음 초피 열매가루를 넣어 같이 버무린다. 김치통에 담아 냉장 보관한다.

초피 열매 이야기

초피 열매는 재래시장에서 구입하여 건조시켜 서늘한 곳에 보관한다. 초피 잎은 장아찌나 장떡, 찌개, 국, 김치, 나물 요리에 넣어 먹는다.

한 달 정도 맛있게 먹을 수 있다.

배추 부추김치

간편하고 편안하게 담그는 겉절이용 김치라 찹쌀죽이나 풀을 쓰지 않는다. 익지 않았을 때 밥상에 올려 풋풋한 맛으로 먹다가 남으면 찌개에 넣고 끓이면 담백하다. 담가서 바로 먹을 수 있다.

노고추 음식공방의 비법
부추는 깨끗이 씻어 절이지 않고 다듬어 사용한다.

담그는 법

30인분

주재료
배추 1kg
부추 300g

절임물 재료
물 1ℓ
굵은소금 1/2컵

양념 재료
배 1/2개
고춧가루 5큰술
다진 마늘 2큰술
다진 생강 1/2큰술
초피액젓 3큰술
새우젓 2큰술

대체 식재료
초피액젓 ▶ 멸치액젓, 까나리액젓

1 배추는 깨끗이 씻어 먹기 좋게 3~4cm 길이로 썬다.

2 배추는 절임물(물 1ℓ, 굵은소금 1/2컵)에 4시간 정도 절여 깨끗이 헹궈 물기를 뺀다.

3 배는 껍질을 벗겨 강판에 갈아 즙을 내어 고춧가루, 다진 마늘, 다진 생강, 초피액젓, 새우젓을 넣어 섞는다.

4 부추는 깨끗이 씻어 3~4cm 길이로 썬다.

5 큰 그릇에 배추, 부추, 양념을 넣고 버무려 김치통에 담아 냉장 보관한다.

부추 이야기
부추는 여러 요리의 부재료로 많이 사용한다. 봄에 노지에서 나는 부추를 '초벌 부추'라 하는데 약이라 할 만큼 영양분도 많고 맛도 좋다.

20일 정도 맛있게 먹을 수 있다.

상추 김치

상추김치는 담가서 바로 먹는 김치로 봄철 입맛을 돋운다.
상추는 모양도 색깔도 이름도 다양하다.
김치 외에도 전, 겉절이 등 다양하게 조리해 먹는다.

노고추 음식공방의 비법

잎이 여린 상추는 상처가 나기 쉬워 쉽게 무르기 때문에 부드러운 것보다는 크고 억센 것으로 고른다. 또 양념에 버무릴 때도 상처가 나기 쉬우므로 아기 다루듯이 살살 버무려야 한다. 상추는 절이지 않고 깨끗이 씻어 김치를 담근다.

담그는 법

20인분

주재료
상추 1단(800g)
쪽파 100g

절임물 재료
물 1ℓ
굵은소금 2큰술

찹쌀풀 재료
물 1컵
찹쌀가루 4큰술

양념 재료
고춧가루 4큰술
다진 마늘 1큰술
다진 생강 1/4큰술
초피액젓 5큰술
매실청 2큰술
통깨 2큰술

대체 식재료
초피액젓 ▶ 멸치액젓, 까나리액젓
매실청 ▶ 배

1 상추는 깨끗이 씻어 절임물(물 1ℓ, 굵은소금 2큰술)에 10분 정도 절여 물에 헹궈 소쿠리에 밭쳐 물기를 빼서 3~4cm 길이로 썬다.

2 쪽파는 2~3cm 길이로 썬다.

3 찹쌀풀을 쑤어 식힌 다음 고춧가루, 다진 마늘, 다진 생강, 초피액젓, 매실청, 통깨를 넣어 섞는다.

4 큰 그릇에 상추와 쪽파를 담고 양념을 넣어 살살 버무린다. 김치통에 담아 냉장 보관한다.

상추 이야기

상추는 크게 청상추와 적상추로 나눌 수 있다. 상추를 꺾으면 하얀 진액이 나오는데 신경 안정 작용을 하여 불면증에 좋고 상추에 풍부한 비타민과 미네랄은 피로 회복에 좋다.

15일 정도 맛있게 먹을 수 있다.

아카시아꽃 물김치

5월이 오면 그윽하게 퍼지는 아카시아 향기로 기분이 좋아진다. 아카시아꽃은 겉절이, 튀김 등으로 요리해 먹곤 하는데 올봄에는 물김치로도 담가보았다. 아카시아 꽃잎을 띄운 물김치는 향이 열흘 정도 지속되어 상큼한 맛을 즐길 수 있다.

노고추 음식공방의 비법
아카시아 향이 10일 정도 지속되기에 오래 두고 먹는 김치는 아니다.

담그는 법

10인분

주재료
아카시아꽃 100g(5송이 정도)
무 500g
굵은소금 1큰술
쪽파 30g
홍고추 1개

밀가루풀물 재료
물 1ℓ
밀가루 1큰술

양념 재료
고춧가루 1큰술
다진 마늘 1큰술
다진 생강 1/4큰술
초피액젓 3큰술

대체 식재료
초피액젓 ▶ 멸치액젓, 까나리액젓

1 아카시아는 꽃만 따서 준비한다.

2 무는 깨끗이 씻어 가로, 세로 2cm 크기, 0.5cm 두께로 썰어 굵은소금 1큰술에 30분 정도 절인다.

3 밀가루풀물을 쑤어 식혀 거름망에 고춧가루를 걸러 넣는다.

4 쪽파는 2cm 길이로 썰고 홍고추는 길이로 반 갈라 곱게 채 썬다.

5 큰 그릇에 무, 쪽파, 홍고추, 고춧가루를 푼 밀가루풀물, 초피액젓을 넣는다. 다진 마늘과 다진 생강을 베주머니에 넣어 담그고 아카시아 꽃을 띄워 김치통에 담는다. 실온에서 12시간 정도 익혀 냉장 보관한다.

아카시아꽃 이야기

아카시아꽃으로 전을 부치거나 술을 담그고 부각을 만들기도 한다.

20일 정도 맛있게 먹을 수 있다.

시금치 김치

겨울을 이겨낸 봄 시금치는 향이 강하고 생으로 먹어도 단맛이 난다. 시금치는 대개 나물이나 국으로 요리하지만 겉절이나 김치를 담가 먹어도 좋다.

노고추 음식공방의 비법
시금치는 굵은 것으로 준비한다.

담그는 법

20인분

주재료
시금치 600g
부추 50g
당근 50g

절임물 재료
물 1ℓ
굵은소금 2큰술

찹쌀풀 재료
맛국물 1컵
찹쌀가루 4큰술

양념 재료
고춧가루 7큰술
다진 마늘 1큰술
다진 생강 1/4큰술
초피액젓 3큰술
매실청 2큰술
통깨 1큰술

대체 식재료
초피액젓 ▶ 멸치액젓, 까나리액젓
매실청 ▶ 배

▶

1 시금치는 뿌리를 자르고 손질해 적당한 길이로 썬다.

2 시금치는 절임물(물 1ℓ, 굵은소금 2큰술)에 20분 정도 절인다.

3 시금치를 물에 깨끗이 헹궈 소쿠리에 밭쳐 물기를 뺀다.

4 찹쌀풀을 쑤어 식힌 다음 고춧가루, 다진 마늘, 다진 생강, 초피액젓, 매실청, 통깨를 넣어 섞는다.

5 큰 그릇에 부추는 적당한 길이로 잘라 넣고 당근을 채 썰어 넣고 시금치, 양념을 넣어 버무린다. 김치통에 담아 실온에 4~5시간 정도 익혀 냉장 보관한다.

시금치 이야기

서남아시아가 원산지인 시금치는 중국을 통해 우리나라에 전해졌다고 한다. 비타민과 무기질을 골고루 함유하고 있는데, 물에 데치면 비타민 C의 약 30%가 파괴된다고 한다. 시금치는 길이가 짧고 굵은 것이 단맛이 더 있다.

15일 정도 맛있게 먹을 수 있다.

취나물 김치

한번 담그면 장아찌처럼 3~4개월은 두고 먹을 수 있는 김치이다. 취나물은 '향소(香蔬)'라 하며 향긋한 냄새가 입맛을 당긴다.

노고추 음식공방의 비법
생취나물의 쓴맛이 싫다면 살짝 데치면 된다.

담그는 법

20인분

주재료
취나물 500g
쪽파 50g

절임물 재료
물 1ℓ
굵은소금 1/2컵

찹쌀풀 재료
맛국물 1컵
찹쌀가루 3큰술
들깨가루 2큰술

양념 재료
고춧가루 7큰술
다진 마늘 1큰술
다진 생강 1/4큰술
초피액젓 10큰술
새우젓 1큰술
매실청 2큰술

대체 식재료
초피액젓 ▶ 멸치액젓, 까나리액젓
매실청 ▶ 배

1 취나물은 손질하여 절임물(물 1ℓ, 굵은소금 1/2컵)에 50분 정도 절인다.

2 취나물을 물에 깨끗이 헹궈 소쿠리에 밭쳐 물기를 뺀다.

3 찹쌀풀을 쑤어 식힌 다음 고춧가루, 다진 마늘, 다진 생강, 초피액젓, 새우젓, 매실청을 넣어 섞는다.

4 쪽파는 2~3cm 길이로 썬다.

5 큰 그릇에 취나물, 쪽파, 양념을 넣고 버무려 김치통에 담아 실온에서 24시간 정도 익혀 냉장 보관한다.

취나물 이야기

취나물은 우리가 쉽게 접하는 '참취'를 비롯하여 잎이 넓적한 '곰취', 길이가 긴 '미역취' 등 종류가 많다. 겨울철에 나는 선명한 푸른색의 취는 울릉도 취이며 봄철에 나는 것은 참취로 여러 취 중 맛과 향이 가장 뛰어나다.

한 달 정도 맛있게 먹을 수 있다.

뽕잎 김치

뽕나무는 뿌리, 열매, 잎, 줄기까지 모두 다 먹을 수 있다. 뿌리와 줄기는 물에 넣어 끓여 마시고 열매는 익기 전에 장아찌를 담그기도 한다. 뽕나무의 열매가 익으면 오디가 된다.

노고추 음식공방의 비법
뽕잎은 수분이 적어 절이지 않고 바로 담근다.

담그는 법

20인분

주재료
뽕잎(어린잎) 200g
무 150g
새우젓 1큰술
대파 30g

찹쌀풀 재료
맛국물 1컵
찹쌀가루 4큰술

양념 재료
고춧가루 4큰술
다진 마늘 1큰술
다진 생강 1/4큰술
초피액젓 7큰술
매실청 1큰술

대체 식재료
초피액젓 ▶ 멸치액젓, 까나리액젓
매실청 ▶ 유기농 설탕

1 뽕잎은 깨끗이 씻은 다음 물기를 빼서 가위로 꼭지를 자른다.

2 찹쌀풀을 쑤어 식힌다.

3 무는 곱게 채 썰어 새우젓에 20분 정도 절인다.

4 대파는 잘게 썬다.

5 큰 그릇에 무, 대파, 고춧가루, 다진 마늘, 다진 생강, 초피액젓, 매실청을 넣어 섞는다. 뽕잎을 2~3장씩 포개어 양념을 바르는 과정을 반복하여 김치통에 담고 실온에서 24시간 정도 익혀 냉장 보관한다.

뽕잎 이야기

뽕잎은 단맛과 쓴맛이 나며 독이 없는 약재로 쓰인다. 『동의보감』에는 '뽕잎 중 제일 좋은 것이 계상인데, 계상은 잎이 갈라진 뽕잎을 말한다. 뽕잎은 여름이나 가을에 다시 돋아난 이파리가 좋은데 서리가 내린 후에 채취해서 약으로 쓴다'라고 기록되어 있다. 뽕잎은 혈당 상승을 억제하고 콜레스테롤을 제거하며 중금속 배출에 효능이 있다고 한다.

한 달 정도 맛있게 먹을 수 있다.

방풍 김치

방풍은 풍을 막는다 하여 붙여진 이름으로 쌉싸래한 맛과 단맛, 은은한 향이 난다. 잎은 장아찌를 만들거나 전을 부쳐 먹거나 나물로 먹기도 하며 뿌리는 약재로 쓰기도 하고 술을 담그기도 한다. 방풍김치는 익히면 쌉싸래한 맛과 매운맛이 사라져 한 달 정도 맛있게 먹을 수 있다. 식성에 따라 단맛이 나는 양념을 조금 더 넣어도 좋다.

노고추 음식공방의 비법

이 레시피에는 풀을 넣지 않았지만, 찹쌀풀을 조금 넣으면 발효가 잘 된다.

담그는 법

10인분

주재료
방풍 250g
무 200g
양파 1/2개
쪽파 100g

절임물 재료
물 1컵
굵은소금(천일염) 2큰술

양념 재료
고춧가루 3큰술
다진 마늘 1큰술
다진 생강 1/4큰술
초피액젓 2큰술
새우젓 1큰술
매실청 2큰술

대체 식재료
초피액젓 ▶ 멸치액젓

1 방풍은 씻어 절임물(물 1컵, 굵은소금 2큰술)에 30분 정도 절인다.

2 무와 양파는 강판이나 믹서에 간다.

3 쪽파는 먹기 좋게 2~3 cm 길이로 썬다.

4 볼에 고춧가루, 다진 마늘, 다진 생강, 초피액젓, 새우젓, 매실청을 넣어 섞는다.

5 양념 재료에 손질한 방풍을 넣어 버무린다.

방풍 이야기

재배한 방풍과 야생 방풍이 있다. 맛과 향기는 비슷하지만 모양은 조금 다르다. 야생 방풍은 줄기가 붉은빛이 나며 잎은 작고 쓴맛이 강하다. 반면 재배한 방풍은 줄기가 굵고 잎도 크다.

한 달 정도 맛있게 먹을 수 있다.

묘삼 김치

초봄에 시장에 가면 인삼의 잔뿌리나 모종으로 나오는 묘삼을 구해 겉절이나 무침, 튀김, 장아찌 등으로 요리해 먹는다. 왠지 이런 음식을 먹으면 건강해지는 기분이다.

노고추 음식공방의 비법
사과의 새콤한 맛이 묘삼의 쓴맛을 잡아준다.

담그는 법

10인분

주재료
묘삼 200g
사과 1/4개
쪽파 50g

절임물 재료
물 2큰술
굵은소금 1큰술

찹쌀풀 재료
물 1/2컵
찹쌀가루 2큰술

양념 재료
고춧가루 2큰술
다진 마늘 1큰술
다진 생강 1/4큰술
초피액젓 2큰술

대체 식재료
초피액젓 ▶ 멸치액젓, 까나리액젓

1 묘삼은 머리를 떼어낸다.

2 사과는 깨끗이 씻어 껍질째 채 썬다.

3 묘삼과 사과는 절임물(물 2큰술, 굵은소금 1큰술)에 30분 정도 절인다.

4 쪽파는 2~3cm 길이로 썬다.

5 찹쌀풀을 쑤어 식힌 다음 큰 그릇에 담고 묘삼, 사과, 쪽파, 고춧가루, 다진 마늘, 다진 생강, 초피액젓을 넣는다.

6 재료를 버무려 김치통에 담아 바로 냉장 보관한다.

묘삼 이야기

미삼은 인삼의 잔뿌리이고 1~2년생 인삼을 묘종이라 한다. 색이 희고 단단한 것으로 고르며 남은 묘삼은 비닐이나 랩으로 싸서 냉장실에 보관한다.

한 달 정도 맛있게 먹을 수 있다.

두릅 김치

'봄 두릅은 금, 가을 두릅은 은'이라는 말이 있다. 두릅은 몸에 좋은데 특히 봄에 돋는 것을 상품으로 친다. 땅에서 재배하는 것보다 이른 봄 나무에서 나는 것이 좋고 쓴맛이 강해 익혀 먹는 것이 좋다.

노고추 음식공방의 비법
두릅김치를 담글 때는 통통하고 연한 것으로 고른다.

담그는 법

20인분

주재료
두릅 700g
배 1/2개
쪽파 50g

절임물 재료
물 1ℓ
굵은소금 1컵

찹쌀풀 재료
맛국물 1컵
찹쌀가루 4큰술

양념 재료
고춧가루 6큰술
다진 마늘 1큰술
다진 생강 1/4큰술
초피액젓 5큰술
매실청 2큰술

대체 식재료
초피액젓 ▶ 멸치액젓, 까나리액젓
매실청 ▶ 배

1 두릅은 절임물(물 1ℓ, 굵은소금 1컵)에 2시간 정도 절여 물에 헹궈 먹기 좋게 3~4cm 길이로 잘라 물기를 뺀다.

2 배는 강판에 갈아 즙을 짜고 쪽파는 2~3cm 길이로 썬다.

3 찹쌀풀을 쑤어 식힌 다음 배즙, 고춧가루, 다진 마늘, 다진 생강, 초피액젓, 매실청과 섞는다.

4 큰 그릇에 두릅, 쪽파, 양념을 넣고 버무려 김치통에 담아 실온에서 24시간 정도 익혀 냉장 보관한다.

두릅 이야기

어린순은 독이 없고 우수한 단백질이 풍부하다. 면역력을 높여주고 혈당과 혈중지질을 떨어뜨리는 사포닌 성분을 함유하고 있다.

한 달 정도 맛있게 먹을 수 있다.

무 양배추말이 물김치

손이 많이 가는 음식이긴 하지만 보기도 좋고 달콤하고 아삭한 맛이 있으며 식감도 좋아 아이들도 잘 먹는다. 여름 손님상에 놓으면 별미다.

어린이 김치 추천

노고추 음식공방의 비법

무와 양배추는 따로따로 물김치를 담가도 좋다. 담가서 바로 먹으면 더 맛있다.

담그는 법

20인분

주재료
양배추 500g
무 500g
쪽파 100g(20뿌리 정도)
케일 10장
노랑 파프리카 1개
빨강 파프리카 1개
배 1개

절임물 재료
물 3컵
굵은소금 1/2컵

밀가루풀물 재료
물 1ℓ
밀가루 1큰술

양념 재료
다진 마늘 1큰술
다진 생강 1큰술
초피액젓 4큰술
매실청 2큰술

대체 식재료
초피액젓 ▶ 멸치액젓, 까나리액젓
매실청 ▶ 배

양배추 이야기

양배추의 주목할 만한 성분은 비타민 U다. 1950년 프랑스 사람이 양배추에서 궤양의 발생을 방지하는 물질을 추출해서 비타민 U라는 이름을 붙였다고 한다. 또한 양배추는 칼슘이 풍부한 알칼리성 식품으로 우유 못지않게 칼슘이 잘 흡수된다고 한다. 양배추는 겉잎이 있고 들어보았을 때 묵직한 것으로 고르고, 신선하게 보관해야 영양분의 손실이 적다.

1 양배추는 반으로 잘라 가로 3cm, 세로 7cm 크기로 썰고 무는 가로 3cm, 세로 7cm 크기에 0.3cm 두께로 둥글게 돌려 깎는다. 쪽파는 다듬는다.

2 양배추, 무, 쪽파는 절임물(물 3컵, 굵은소금 1/2컵)에 5시간 정도 절인 다음 물에 헹궈 소쿠리에 밭쳐 물기를 뺀다.

3 케일은 줄기를 잘라내어 잎만 곱게 채 썰고 노랑 파프리카와 빨강 파프리카는 반으로 잘라 곱게 채 썰고 배는 껍질을 벗겨 곱게 채 썬다.

4 무와 양배추에 케일채, 파프리카채, 배채를 적당히 얹고 돌돌 말아 쪽파로 풀리지 않게 묶어 김치통에 담는다. 밀가루풀물을 쑤어 식힌 다음 다진 마늘, 다진 생강을 베주머니에 담아 넣고 초피액젓과 매실청을 넣어 섞어 김치통에 부어 냉장 보관한다.

20일 정도 맛있게 먹을 수 있다.

케일 양배추 물김치

텃밭에 케일 씨를 뿌려 두었는데 매일 뜯어 먹고 이웃과 나눠 먹어도 남아서 '무엇을 해 먹을까?' 고민하다가 김치를 담글 생각을 하게 됐다. 케일은 주로 녹즙을 내어 마시거나 쌈을 싸 먹는데 양배추와 물김치로 담그면 양배추의 단맛과 케일의 쌉싸래한 맛이 잘 어우러진다.

노고추 음식공방의 비법
양배추와 깻잎, 양배추와 차조기 잎을 넣어 담가도 맛있다.

담그는 법

20인분

주재료
케일 150g
양배추 150g

절임물 재료
물 1ℓ
굵은소금 1컵

밀가루풀물 재료
물 1ℓ
밀가루 1큰술

양념 재료
배즙 1/2큰술
고운 고춧가루 1큰술
다진 마늘 1큰술
다진 생강 1/4큰술
초피액젓 3큰술
고운 소금 1큰술
홍고추 1개

대체 식재료
초피액젓 ▶ 멸치액젓, 까나리액젓

1 케일은 물에 씻어 길쭉한 대를 가위로 잘라낸다.

2 양배추는 케일과 비슷한 길이로 썰어 케일과 켜켜이 쌓는다.

3 케일과 양배추는 절임물(물 1ℓ, 굵은소금 1컵)에 2시간 정도 절인다.

4 밀가루풀물을 쑤어 식힌다.

5 절인 양배추와 케일은 물에 헹궈 그릇에 담는다.

6 그릇에 배즙, 고춧가루, 다진 마늘, 다진 생강, 초피액젓, 고운 소금을 넣고 섞는다. 홍고추는 반으로 갈라 씨를 빼서 곱게 채 썰어 케일과 양배추 위에 얹어 김치통에 담아 실온에 24시간 정도 익혀 냉장 보관한다.

케일 이야기

곱슬케일, 쌈케일, 꽃케일 등 케일은 여러 종류가 있다. 양배추의 선조 격으로 베타카로틴의 함량이 매우 높은 채소이다. 베타카로틴은 녹황색 채소와 과일 등에 다량 함유된 성분으로 항산화 작용과 유해산소 예방, 피부 건강에 도움을 주는 것으로 알려져 있다.

한 달 정도 맛있게 먹을 수 있다.

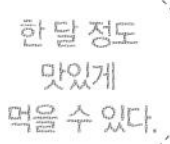

산딸기 물김치

빛깔이 고운 산딸기 물김치는 산딸기의 새콤달콤한 맛으로 남녀노소 누구나 즐길 수 있는 김치이다. 산딸기의 먹음직스럽고 고운 빛깔은 식욕을 돋운다. 그렇지만 산딸기가 쉽게 물러 오래 보관해 두고 먹을 수 있는 김치는 아니다.

노고추 음식공방의 비법
무는 절여서 헹구지 않고 바로 사용한다.

담그는 법

20인분

주재료
무 600g
고운 소금 1큰술
배 1/2개
쪽파 30g
산딸기 1컵(150g 정도)

밀가루풀물 재료
물 1ℓ
밀가루 1큰술

양념 재료
다진 마늘 1큰술
다진 생강 1/4큰술
초피액젓 4큰술

대체 식재료
초피액젓 ▶ 멸치액젓, 까나리액젓

1 무는 깨끗이 손질하여 씻은 다음 가로, 세로 2cm 크기에 0.5cm 두께로 썰어 고운 소금 1큰술에 버무려 30분 정도 절여 물기를 뺀다.

2 산딸기는 흐르는 물에 살살 씻는다.

3 배는 강판에 갈아 즙을 내고 쪽파는 1cm 길이로 썬다.

4 밀가루풀물을 쑤어 식힌 다음 배즙, 초피액젓을 넣어 섞고 다진 마늘과 다진 생강은 베주머니에 넣는다.

5 큰 그릇에 무, 쪽파, 밀가루풀물 양념, 마늘과 생강 베주머니를 넣고 섞은 다음 산딸기를 띄운다. 김치통에 담아 12시간 정도 실온에서 익혀 냉장 보관한다.

산딸기 이야기

산딸기는 전국의 산과 들에서 자란다. 남자들의 과일로 불릴 정도로 원기 회복과 비뇨기와 생식 기능을 향상시킨다고 한다. 비타민 C는 눈의 피로를 덜어주어 컴퓨터 모니터나 스마트폰 등으로 눈을 혹사당하는 현대인들에게 꼭 필요한 과일이다.

20일 정도 맛있게 먹을 수 있다.

마 깍두기

마는 사계절 만날 수 있는 재료이긴 하지만 끈끈한 성분에 이렇다 할 조리법이 없어 자주 먹게 되지 않는다. 중국에서는 아이에게 마를 먹이면 뇌가 좋아진다는 설이 있어 고기와 함께 끓여 국물을 마시도록 한다고 한다. 우리 식으로 즐길 수 있는 마 요리는 김치다. 마 깍두기를 담가 식사 때마다 조금씩 먹으면 좋다. 마는 익혀 먹지 않고 날로 먹어도 소화가 잘된다.

노고추 음식공방의 비법

사람에 따라 마를 맨손으로 만지면 가려울 수 있으니 장갑을 끼고 손질한다.

담그는 법

10인분

주재료
마 600g
쪽파 50g
당근 50g
배 1/2개

양념 재료
고춧가루 2큰술
다진 마늘 1큰술
다진 생강 1/4큰술
초피액젓 2큰술
새우젓 1큰술

대체 식재료
초피액젓 ▶ 멸치액젓, 까나리액젓

1 마는 필러로 껍질을 벗긴다.

2 껍질을 벗긴 마는 길이로 반 잘라 2~3cm 두께로 썬다.

3 쪽파는 1cm 길이로 썰고 당근은 다진다.

4 배는 강판에 갈아 즙을 낸다.

5 고춧가루, 다진 마늘, 다진 생강, 초피액젓, 새우젓을 섞는다.

6 큰 그릇에 마, 쪽파, 당근, 배즙, 양념을 넣고 버무려 1시간 정도 두었다가 냉장 보관한다.

15일 정도 맛있게 먹을 수 있다.

마 이야기

마는 우수한 단백질과 필수아미노산을 함유한 뿌리채소다. 가장 풍부한 성분은 당질이며 여러 가지 소화 효소와 칼륨, 칼슘 등을 함유한 알칼리성 식품이다. 마의 주산지는 경북 안동으로 국내 생산의 70% 정도를 차지한다. 안동 마의 역사는 100년 전으로 거슬러 올라가는데 당시에는 약용으로 재배되었다고 한다.

무말랭이 김치

매우 가난한 영국 시인은 "4월이면 식탁에 오르는 지긋지긋한 무 요리여!" 하고 한탄했다고 하는데, 이는 무의 참맛을 몰라서 하는 소리다. 동치미, 깍두기, 알타리김치, 무나물, 무조림, 무장아찌, 무밥, 뭇국, 무말랭이…. 우리 민족은 무로 다양한 요리를 만들어 먹어 왔다. 무로 만든 봄 밥상의 새로운 미각은 무말랭이김치다. 가을에 무를 말려 보관했다가 봄에 밑반찬용으로 담가 먹으면 입맛을 돋운다.

노고추 음식공방의 비법

무말랭이김치는 양념에 버무려 12시간 정도 지나 무에 간이 들면 먹기 시작한다.

담그는 법

30인분

주재료
무말랭이 300g
고춧잎 50g
마른오징어(작은 것으로 몸통) 2마리분

찹쌀죽 재료
맛국물 3컵
찹쌀 50g

양념 재료
고춧가루 10큰술
다진 마늘 3큰술
다진 생강 1/2큰술
초피액젓 1컵
매실청 5큰술
통깨 3큰술

대체 식재료
초피액젓 ▶ 멸치액젓, 까나리액젓
매실청 ▶ 유기농 설탕

1 마른오징어는 물에 20분 정도 불려 껍질을 깨끗이 벗겨 무말랭이와 비슷한 크기로 자른다.

2 고춧잎은 물에 20분 정도 불린 다음 소쿠리에 밭쳐 물기를 빼고 딱딱한 줄기를 골라낸다.

3 무말랭이는 물에 20분 정도 불린 다음 깨끗이 씻어 소쿠리에 밭쳐 물기를 뺀다.

4 찹쌀죽을 쑤어 식힌다.

5 큰 그릇에 오징어, 고춧잎, 무말랭이, 찹쌀죽을 넣는다. 고춧가루, 다진 마늘, 다진 생강, 초피액젓, 매실청, 통깨를 섞어 넣는다.

6 재료를 버무려 김치통에 담고 실온에 12시간 정도 익혀 냉장 보관한다.

노고추 음식공방의 무말랭이 비법

재료 무말랭이 100g, 말린 고춧잎 15g, 조청 1컵, 물 1컵+1/2컵, 고춧가루 50g, 다진 마늘 2큰술, 다진 생강 1작은술, 소금 20g, 초피액젓 3큰술, 검은깨 1큰술

무말랭이는 흐르는 물에 2~3번 씻어 불리고, 말린 고춧잎은 미지근한 물에 불려 물기를 꼭 짠다. 준비한 양념 재료에 무말랭이와 말린 고춧잎을 넣어 버무린다.

★ 노고추 음식공방에서는 찹쌀과 엿기름을 삭혀 달여서 조청을 만든다. 조청을 써서 무말랭이를 만들면 오래 보관할 수 있고 더 맛있다. 조청 물의 농도는 고추장 만들 때의 농도가 적당하다. 더 자세히 알고 싶은 분은 노고추 음식공방의 고추장 특강에 참여하거나 블로그 노고추 음식공방(https://blog.naver.com/mjfood2005)을 참조한다.

한 달 정도 맛있게 먹을 수 있다.

창난젓 나박김치

창난젓은 명태의 창자를 소금에 절여 양념하여 삭힌 것으로 주로 강원도와 경상도에서 즐겨 먹는다. 김장김치를 다 먹어갈 즈음 짭짤한 젓갈을 이용하여 김치를 담그면 훌륭한 밥 반찬이 된다.

노고추 음식공방의 비법
무는 저장 무를 이용하면 단단하면서 단맛도 있다.

담그는 법

20인분

주재료
창난젓 200g
쪽파 30g
무 500g(1/3개)

양념 재료
고춧가루 3큰술
다진 마늘 2큰술
다진 생강 1/2큰술
매실청 2큰술
통깨 2큰술

대체 식재료
매실청 ▶ 유기농 설탕

1 창난젓은 깨끗이 씻어 찬물에 10분 정도 담갔다가 소쿠리에 건져 물기를 뺀다.

2 창난젓은 잘게 썬다.

3 쪽파는 1cm 길이로 썰어 큰 그릇에 담고 창난젓, 고춧가루, 다진 마늘, 다진 생강, 매실청, 통깨를 넣어 섞는다.

4 무는 가로, 세로 1.5cm 크기에 0.5cm 두께로 썰어 양념에 버무린다. 김치통에 담아 실온에서 2~3시간 두었다가 냉장 보관한다.

창난젓 이야기
젓갈 문화가 발달한 우리나라는 생선의 내장을 젓갈로 담그는 법을 중국에 전했다고 한다. 강인희 선생이 쓴 『한국의 맛』에 따르면 명태가 우리 밥상에 오른 것이 조선시대 중엽이라고 하니 창난젓은 그즈음부터인 듯하다.

20일 정도 맛있게 먹을 수 있다.

오징어젓 무김치

김장김치가 떨어질 즈음 짭조름한 오징어젓무침에 가을에 캐서 겨우내 저장한 무를 넣어 무치면 맛있다. 저장 무는 수분이 빠져 단맛이 난다.

노고추 음식공방의 비법
싱싱한 오징어로 젓갈을 담가 두었다가 그때그때 바로 무쳐 먹는다.

담그는 법

20인분

주재료
오징어젓 200g(2마리 정도)
쪽파 30g
무 500g

양념 재료
고춧가루 3큰술
다진 마늘 2큰술
다진 생강 1/2큰술
매실청 2큰술
통깨 2큰술

대체 식재료
매실청 ▶ 유기농 설탕

1 오징어젓은 소금을 털어내고 깨끗이 씻은 다음 찬물에 15분 정도 담가 짠기를 뺀 다음 소쿠리에 건져 물기를 뺀다.

2 오징어는 껍질을 벗기고 곱게 채 썬다.

3 무는 가로, 세로 1.5cm 크기에 0.5cm 두께로 썰어 큰 그릇에 넣고 오징어젓을 넣어 30분 정도 버무린다.

4 무와 오징어젓에 고춧가루, 다진 마늘, 다진 생강, 매실청, 통깨를 넣어 섞는다. 쪽파는 1cm 길이로 썰어 넣고 버무려 김치통에 담고 실온에서 2~3시간 정도 익혀 냉장 보관한다.

오징어젓 이야기

오징어젓은 생물 오징어를 소금에 절여 담근다. 오징어젓에 고춧가루 등의 양념을 넣고 무쳐 밥반찬으로 먹어도 좋고 김치를 담글 때 소로 넣기도 한다.

20일 정도 맛있게 먹을 수 있다.

텃밭에는 봄에 파종한 상추, 오이, 가지, 열무 등의 채소들이
여름 햇볕 아래 수분을 머금고 탐스럽게 자라고 있다.
여름에 나는 채소들은 영양분을 함유하고 있어
더위에 지쳐 입맛이 없을 때
열무김치를 담가 고추장과 함께 비벼 먹고
땀을 많이 흘려 수분이 부족하고 갈증이 날 때는
오미자 물김치나 배와 매실을 넣은 물김치로 갈증을 해소한다.

장마가 지고 비가 많이 와 김칫거리가 마땅치 않을 때는
심지 않아도 찾아오는 쇠비름을 양파와 함께 물김치를 담그고
가지를 따다 김치를 담근다.
이렇게 제철에 나오는 채소들을 소금과 함께
양념에 버무려 발효시킨 김치는
놀라운 선조들의 지혜가 숨어 있다.

가을 초입에는 김장할 무와 배추 등을 심느라 매일매일이 바쁘다.

절인다

여름 김치

배추 절이기

2포기
(6~7kg 기준)

주재료
배추 2포기

절임물 재료
물 4ℓ
굵은소금 4컵

* 절이는 시간 :
  여름 8시간
  겨울 12시간

1 봄배추는 반으로 자른다.

2 물 4ℓ에 굵은소금을 넣고 녹여 절임물을 만든다.

3 배추의 밑동에 칼집을 넣어 손질한다.

4 절임물에 배추를 넣어 앞뒤로 뒤집어 주며 8시간 정도 절인다.

5 배추를 1/4쪽으로 갈라 4시간 정도 더 절인다.

6 다 절인 배추는 물에 3~4번 씻어 체에 밭쳐 물기를 뺀다.

봄배추 김장김치

김장철에 가을배추로 김장을 한번 하고 봄에 봄배추로 한 번 더 담그면 일 년 내내 김장김치 맛을 즐길 수 있다. 봄배추로 담그는 김치는 김장철에 나는 재료를 구입해서 냉동 보관하였다가 양념재료를 넣으면 여름에도 맛있는 김장김치 맛을 느낄 수 있다.

담그는 법

120인분

주재료
절인 배추 5kg(2포기 정도)
조기 200g
보리새우 300g
찹쌀죽 2컵
마른 청각 20g
무 400g
배(큰 것) 1개

양념 재료
고춧가루 3컵
다진 마늘 1컵(200g)
다진 생강 3큰술(30g)
초피액젓 1컵
새우젓 1/2컵

대체 식재료
조기, 보리새우 ▶ 대하

1 가을 김장철에 삶아서 갈아 냉동시킨 조기와 보리새우를 준비한다.

2 찹쌀죽을 준비한다.

3 청각은 물에 불려 곱게 다진다. 곱게 다지지 않으면 식감도 떨어지고 보기에도 좋지 않다.

4 고춧가루, 다진 마늘, 다진 생강, 초피액젓, 새우젓을 준비한다.

5 무는 즙을 낸다.

6 배는 채 썬다.

7 볼에 다진 청각, 무채, 배채, 고춧가루, 다진 마늘, 다진 생강, 초피액젓, 새우젓을 넣어 섞는다.

8 양념에 조기와 보리새우를 넣어 섞는다.

9 절인 배추에 소를 넣는다. 김치통에 담아 실온에 3~4일 정도 두었다가 냉장 보관한다.

15일에서 100일 정도 맛있게 먹을 수 있다.

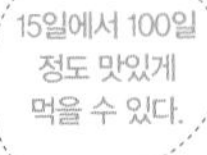

열무 얼갈이김치

얼갈이배추는 주로 겉절이, 물김치, 국으로 먹는다. 부드러운 얼갈이배추와 열무로 김치를 담그면 식감도 좋고 두 가지 맛을 즐길 수 있다.

노고추 음식공방의 비법
오래두고 먹을 수 있는 김치는 아니므로 담가서 바로바로 먹는 것이 좋다.

담그는 법

20인분

주재료
열무 1단
얼갈이 1단
굵은소금(천일염) 1컵
배 1/2개
양파 1개
홍고추 10개

양념 재료
다진 마늘
1큰술+1/2큰술(50g)
다진 생강 15~20g
초피액젓 3큰술
새우젓 2큰술
찹쌀죽 5큰술

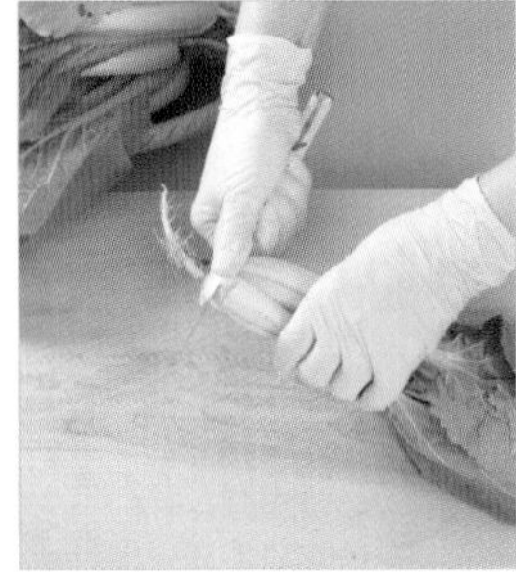

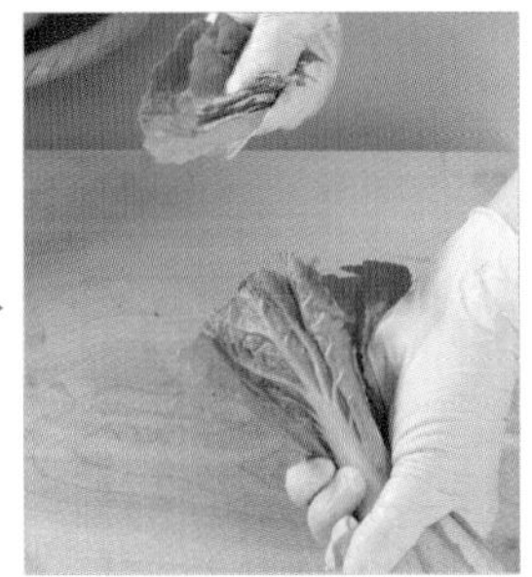

1 얼갈이는 밑동을 잘라 낸다. 잎의 끝 부분은 잘라낸다.

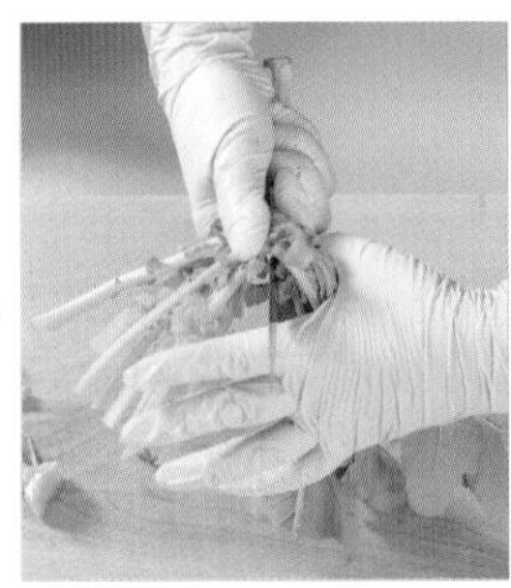

2 열무는 뿌리를 잘라낸다. 잎은 2~3등분한다.

3 얼갈이와 열무는 물에 한 번 씻어 굵은소금을 뿌려 3시간 정도 절인다.

4 얼갈이와 열무는 물에 3~4번 씻어 체에 밭쳐 물기를 1시간 정도 뺀다.

5 배는 갈아서 즙을 내고 양파는 채 썬다.

6 홍고추는 믹서에 굵직하게 간다. 굵직하게 갈아야 더 먹음직스럽다.

7 다진 마늘, 다진 생강, 초피액젓, 새우젓, 찹쌀죽을 준비한다.

8 볼에 배즙, 양파, 홍고추 간 것, 다진 마늘, 다진 생강, 초피액젓, 새우젓, 찹쌀죽을 넣어 섞는다.

9 양념에 열무와 얼갈이를 넣고 버무려 김치통에 담아 실온에 하루 정도 두었다가 냉장 보관한다.

열무와 얼갈이 이야기

이른 봄 일찍 출하되는 배추와 속이 차기 전에 수확한 배추를 모두 얼갈이라고 한다. 부드러우면서 아삭한 식감의 열무와 얼갈이를 함께 사용해서 김치를 담그면 두 채소의 맛을 온전히 맛볼 수 있다.

45일 정도 맛있게 먹을 수 있다.

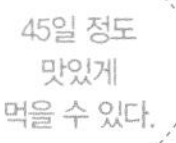

오이 소박이

여름을 여는 김치는 오이소박이다. 여름이 제철인 노지 오이로 소박이를 담가 먹으면 시원한 오이 향을 느낄 수 있다. 오이소박이는 오이의 허리를 서너 갈래로 갈라 파, 마늘, 생강, 고춧가루를 섞은 소를 넣어 담근다. 담가서 바로 먹을 수 있으므로 실온에서 익히지 않고 냉장 보관하는 게 좋다.

노고추 음식공방의 비법

오이를 절일 때는 양 끝 꼭지만 잘라내고 통으로 절여서 김치를 담글 때 썰어 담그면 더 맛이 좋다. 미리 잘라서 절이면 오이의 단맛이 빠져버린다. 오이의 색깔이 흐리거나 지나치게 익어서 누렇게 된 것은 오이소박이용으로 적당하지 않다.

담그는 법

10인분

주재료
오이(청오이) 5개
부추 150g
당근 1/4개

절임물 재료
물 1컵
굵은소금 2큰술

양념 재료
고춧가루 3큰술
다진 마늘 1큰술
다진 생강 1/4큰술
초피액젓 2큰술
새우젓 1큰술
통깨 1큰술

대체 식재료
초피액젓 ▶ 멸치액젓, 까나리액젓

청오이 이야기

취청오이라고도 불리는 청오이는 이름 그대로 진한 푸른빛이 도는 오이다. 날로 먹어도 좋고 소박이를 담그거나 볶아 먹어도 맛있다. 주로 남부 지방에서 저온기에 시설 재배로 생산된다. 청오이 외에 사계절 언제든 구입할 수 있는 백다다기오이도 있고 가시오이, 청풍오이도 있다.

1 오이는 물에 씻어 3~4cm 길이로 자른다.

2 오이에 2/3 정도 깊이로 열십자로 칼집을 넣는다.

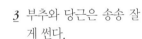

3 부추와 당근은 송송 잘게 썬다.

4 오이를 절임물(물 1컵, 굵은소금 2큰술)에 1시간 정도 절여 물에 깨끗이 씻어 체에 밭쳐 물기를 뺀다.

5 큰 그릇에 부추와 당근을 넣고 양념 재료인 고춧가루, 다진 마늘, 다진 생강, 초피액젓, 새우젓, 통깨를 넣어 버무린다.

6 오이에 소를 채워 김치통에 담아 실온에서 익히지 않고 바로 냉장 보관한다.

10일 정도 맛있게 먹을 수 있다.

열무 김치

여름의 별미 열무김치는 1년 내내 구할 수 있어 어느 때고 담글 수 있지만 여름 열무는 다른 계절의 열무보다 수분이 많아 시원하면서도 깔끔한 맛이 난다. 여름에 담그는 열무김치에는 밀가루풀이나 찹쌀풀 대신 감자를 삶아 맛국물과 섞어 넣는다.

노고추 음식공방의 비법

연하고 깨끗한 열무는 소금에 절이지 않고 담그면 열무 향이 살아 맛있다.
또 열무는 연하기 때문에 손에 힘을 주어 너무 오래 버무리면 맛이 없고 풋내가 날 수 있다.
감자가 없을 때는 남은 밥을 갈아 넣거나 찹쌀죽을 넣어도 좋다.
맛국물은 멸치 50g, 표고버섯 50g, 다시마 50g, 물 3.5ℓ를 끓여 국물만 받아 사용한다.

담그는 법

20인분

주재료
열무 1단(1.1kg 정도)
쪽파 100g
사과(중간 것) 1/2개

절임물 재료
물 1컵
굵은소금 3큰술

감자풀 재료
맛국물 2컵
감자 1개

양념 재료
양파(중간 것) 1개
홍고추 2개
고춧가루 5큰술
다진 마늘 2큰술
다진 생강 1/2큰술
초피액젓 2큰술
새우젓 2큰술

대체 식재료
초피액젓 ▶ 멸치액젓, 까나리액젓

열무 이야기
봄과 가을에 나는 열무는 잎과 줄기가 연하고 맛있어서 김치를 담가 먹으면 좋다. 가장 맛있는 때는 6월부터 8월까지이다. 열무에는 비타민 C와 필수 무기질 성분이 풍부하여 더위를 타는 여름철에 김치로 담가 먹으면 원기를 회복하는 데 도움이 된다고 한다.

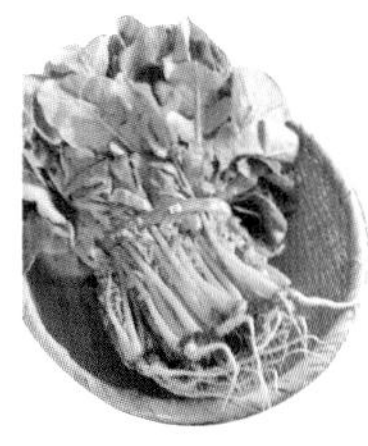

1 열무는 다듬어 4~5cm 길이로 잘라 한두 번 물에 씻는다.

2 열무는 절임물(물 1컵, 굵은소금 3큰술)에 20~30분 정도 절인다.

3 절인 열무는 물에 깨끗이 씻어 소쿠리에 밭쳐 물기를 뺀다.

4 감자는 껍질을 벗기고 4등분하여 냄비에 맛국물과 함께 넣고 삶아 으깨어 감자풀을 만든다.

5 쪽파는 3~4cm 길이로 썰고 사과는 껍질째 채 썬다. 양파는 반으로 잘라 채 썰고 홍고추는 어슷하게 썬다.

6 큰 그릇에 쪽파, 사과, 양파, 홍고추를 넣고 양념 재료인 고춧가루, 다진 마늘, 다진 생강, 초피액젓, 새우젓을 넣어 버무린다.

7 양념에 열무를 넣고 가볍게 버무려 김치통에 담아 실온에서 7~8시간 정도 익혀 냉장 보관한다.

냉장 보관하면 15일 정도 맛있게 먹을 수 있다.

열무 파프리카 물김치

열무김치 담그는 방법은 다양하지만 매운맛을 싫어하는 분들과 아이들이 먹기 좋게 파프리카를 넣어 색감을 살려서 담갔다.

어린이 김치 추천

노고추 음식공방의 비법
파프리카를 넣으면 열무의 특유한 향이 약해져 아이들이 좋아한다.

담그는 법

20인분

주재료
열무 1단
굵은소금(절임용) 3큰술
파프리카 2개
양파 1개
배 1개

양념 재료
다진 마늘
1큰술+1/2큰술(30g)
다진 생강
1큰술+1/2큰술(15g)
초피액젓 1큰술
소금 2큰술

밀가루풀물 재료
물 1ℓ
밀가루 1큰술

대체 식재료
밀가루풀물 ▶ 밥, 감자, 보릿가루

1 열무는 다듬는다.

2 열무에 굵은소금을 뿌려 절인다.

3 30분 쯤 지나면 열무의 앞뒤를 뒤집어 1시간 정도 절인다.

4 냄비에 물 1ℓ와 밀가루를 넣어 고루 섞는다. 나무주걱으로 저어가며 중간 불로 말갛게 끓인다.

5 파프리카와 양파는 채 썬다.

6 배는 강판에 갈아 즙을 낸다.

7 다진 마늘, 다진 생강, 초피액젓, 소금을 준비한다.

8 볼에 밀가루풀물, 배즙, 다진 마늘, 다진 생강, 초피액젓, 소금을 넣어 버무린 다음 열무를 넣어 가볍게 버무린다. 파프리카와 양파를 넣어 가볍게 뒤적인다. 통에 담아 하루 정도 실온에 두었다가 냉장 보관한다.

한 달 정도 맛있게 먹을 수 있다.

오이 열무 물김치

싱싱한 여름 향을 지닌 노지 오이와 야들야들하고 매콤한 열무로 물김치를 담그면 식욕이 떨어지는 여름철에 밥 한 그릇을 뚝딱 비우게 하는 여름 별미가 만들어진다. 이 물김치는 노지 오이의 향긋함이 더해져 국물이 참 맛있다.

노고추 음식공방의 비법

가시오이는 가시가 살아 있으며 광택이 있고 굵기가 고르며 만졌을 때 단단하고 꼭지 부분이 싱싱하게 살아 있는 것을 고른다. 오이의 꼭지 부분은 쓴맛이 나서 잘라내고 쓰는 것이 좋지만 꼭지 부분에 영양분이 많다고 한다. 열무는 절일 때 자주 손으로 뒤적이면 여린 잎이 물러 풋내가 날 수 있으니 주의한다.

담그는 법

40인분

주재료
열무 1단(1.1kg 정도)
오이(청오이) 5개
쪽파 100g

절임물 재료
물 2컵
굵은소금 5큰술

보릿가루풀물 재료
물 2ℓ
보릿가루 3큰술

양념 재료
홍고추 2개
고춧가루 3큰술
다진 마늘 2큰술
다진 생강 1/2큰술
초피액젓 10큰술
소금 1큰술

대체 식재료
초피액젓 ▶ 멸치액젓, 까나리액젓

오이와 열무 이야기
여름철 밥상에 오르던 오이를 이제는 사계절 언제든 맛볼 수 있다. 제철에 자란 오이는 비닐하우스에서 연약하게 자란 오이와는 맛과 영양가가 다르다고 하니, 노지 오이가 나는 계절에 다양하게 조리해 먹는 게 좋다. 열무는 일반 열무, 일산 열무, 어린 솎음열무 등이 있으며 남은 열무는 신문지에 싸서 냉장 보관한다.

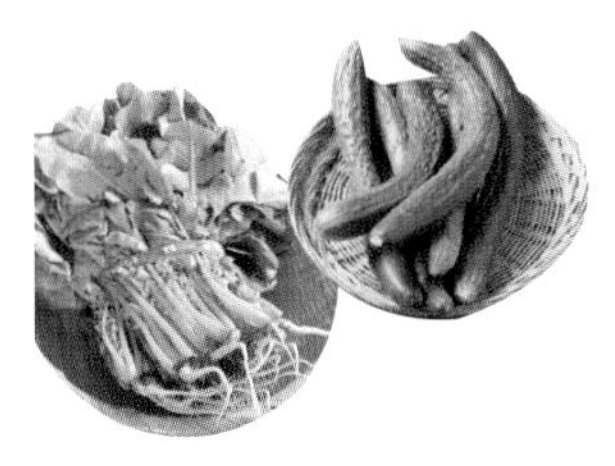

1 보릿가루풀물을 먼저 쑤어 식힌다.

2 열무는 먹기 좋게 자르고 오이는 꼭지를 떼어 내고 2~3등분한다.

3 열무와 오이는 절임물(물 2컵, 굵은소금 5큰술)에 30분 정도 절인다.

4 절이는 중간에 위아래를 뒤집어 골고루 절인다.

5 열무와 오이를 물에 씻어 체에 밭쳐 물기를 빼고 오이에 열십자로 칼집을 넣는다.

6 쪽파는 3~4cm 길이로 썰고 홍고추는 어슷하게 썬다.

7 보릿가루풀물에 고춧가루, 다진 마늘, 다진 생강, 초피액젓, 소금을 넣고 섞는다.

8 열무와 오이를 넣어 버무려 김치통에 담아 실온에서 5~6시간 정도 지나면 냉장 보관한다.

냉장 보관하면 20일 정도 맛있게 먹을 수 있다.

오이 백소박이

오이는 조선오이, 청오이, 가시오이, 노각 등이 있다. 취청오이로 소박이를 담그면 오이 향이 은은하게 난다. 또 배를 넣어 달콤하고 아삭아삭하여 아이들이 좋아한다.

노고추 음식공방의 비법
익히지 말고 바로 먹는 것이 더 맛있다.

담그는 법

10인분

주재료
취청오이 5개
굵은소금(천일염) 2큰술
부추 70g
당근 1/3개
배(중간 것) 1/2개

양념 재료
다진 마늘 1큰술(20g)
다진 생강 1큰술(10g)
초피액젓 2큰술
새우젓 2큰술
찹쌀죽 3큰술

1 오이는 양 끝을 잘라내고 3cm 길이로 자른다. 칼집을 넣지 않은 부분이 0.5cm 정도 남도록 열십자를 넣는다.

2 오이는 굵은소금을 뿌려 1시간 30분에서 2시간 정도 절인다.

3 부추, 당근, 배는 잘게 썬다.

4 다진 마늘, 다진 생강, 초피액젓, 새우젓, 찹쌀죽을 준비한다.

5 볼에 부추, 당근, 배, 다진 마늘, 다진 생강, 초피액젓, 새우젓, 찹쌀죽을 넣어 섞는다.

6 오이에 소를 넣는다. 김치통에 담아 바로 냉장 보관한다.

20일 정도 맛있게 먹을 수 있다.

오이 백물김치

아삭한 식감이 잘 어울리는 오이와 파프리카.
아이들이 좋아할 수 있게 파프리카를 넣어
오감을 살린 건강 김치다.

노고추 음식공방의 비법
익혀서 먹는 것이 더 맛있다.

담그는 법

15인분

주재료
백오이 6개
굵은소금(천일염) 2큰술
무 100g
미니 파프리카 5개
굵은소금 1/2큰술
배(큰 것) 1/2개

감자 삶은 물 재료
물 3컵
감자(작은 것) 1개

양념 재료
다진 마늘 20g
다진 생강 10g
소금 1큰술

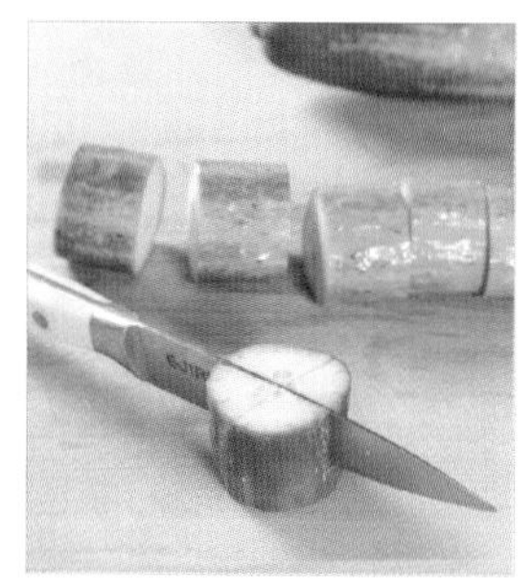

1 백오이는 양 끝을 잘라내고 2cm 길이로 잘라 열십자를 넣는다.

2 백오이에 굵은소금 2큰술을 뿌려 1시간 30분에서 2시간 정도 절인다.

3 무와 미니 파프리카는 채 썬다.

4 무와 미니 파프리카에 소금 1/2큰술을 뿌려 30분 정도 절인다.

5 냄비에 물 3컵과 감자를 넣고 삶은 다음 믹서에 넣고 다진 마늘과 다진 생강을 넣어 곱게 간다.

6 배는 즙을 낸다.

7 볼에 무채, 파프리카채, 배즙을 섞은 다음 백오이에 소를 넣는다.

8 감자 삶은 물에 소금 1큰술을 넣어 녹인 다음 붓는다. 통에 담아 바로 냉장 보관한다.

백오이 이야기

백오이는 수분이 많고 껍질이 얇아서 주로 장아찌로 많이 먹는다. 청오이와 백오이의 차이점은 크게는 없으나 생긴 모양은 다르다. 청오이는 길이가 길고 겉이 녹색이며, 백오이는 길이가 짧고 겉이 연노란색을 띠며 끝부분은 흰색이다.

15일 정도 맛있게 먹을 수 있다.

열무 배추 물김치

내가 사는 대구의 재래시장에 가면 열무와 배추를 한 단으로 묶어 파는 열무 배추라는 게 있다. 열무와 배추가 사이좋게 반씩 묶여 있으니 식구가 많지 않은 집에서는 배추와 열무를 따로 사는 번거로움이 없어서 좋다. 열무와 배추 맛이 잘 어우러져 익으면 시원하고 아삭하다.

노고추 음식공방의 비법

잎이 여리므로 살살 씻어야 풋내가 나지 않고 홍고추는 씨째 믹서에 갈아야 맛이 더 좋다.
밀가루풀이나 찹쌀풀은 김치의 발효를 촉진시키며 젖산균을 생성하고 열무의 풋내도 나지 않게 하여 맛을 좋게 한다.

담그는 법

20인분

주재료
열무 배추 1단(1kg)
양파 1개

절임물 재료
물 1컵
굵은소금 3큰술

밀가루풀물 재료
물 1ℓ
밀가루 1큰술

양념 재료
홍고추 7~8개
다진 마늘 1큰술
다진 생강 1/4큰술
초피액젓 7큰술
배 1개

대체 식재료
초피액젓 ▶ 멸치액젓, 까나리액젓

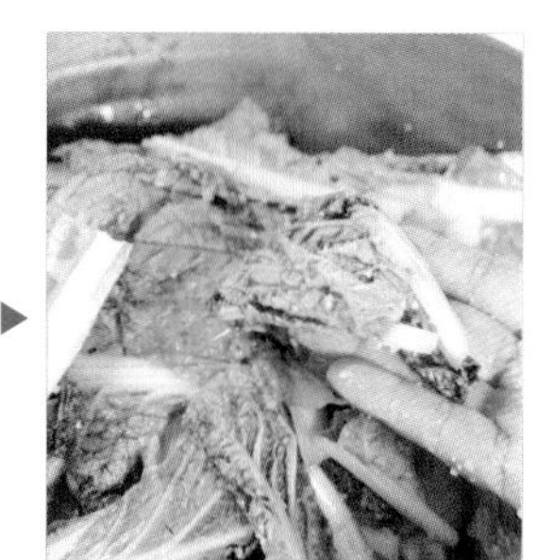

1 열무와 배추는 깨끗이 씻어 3~4cm 길이로 잘라 절임물(물 1컵, 굵은소금 3큰술)에 30분 정도 절여 물에 헹궈 체에 밭쳐 물기를 뺀다.

2 양파는 곱게 채 썬다.

3 홍고추는 믹서에 간다.

4 밀가루풀물을 미리 쑤어 식혀서 열무와 배추, 양파, 간 홍고추, 다진 마늘, 다진 생강, 초피액젓을 넣고 배를 강판에 갈아 즙을 내어 섞는다. 김치를 버무려 김치통에 담아 실온에서 8시간 정도 익혀 냉장 보관한다.

열무 이야기
열무에는 비타민 C와 필수 무기질 성분이 풍부하여 더위를 타는 여름철에 김치로 담가 먹으면 원기를 회복하는 데 도움이 된다고 한다.

냉장 보관하면 20일 정도 맛있게 먹을 수 있다.

여름 얼갈이 배추김치

겨울에 푸성귀를 심는 일을 얼갈이라 하고 늦가을이나 초겨울에 심어 가꾸는 배추를 얼갈이배추라 한다. 또 겨울을 지나 사이짓기를 하는 엇갈이배추라 한다. 엇갈이배추와 모양이 비슷한 얼갈이배추는 속이 꽉 차지 않고 잎이 성글게 붙어 있는 반결구형 배추이다. 경상도에서는 단배추라고도 하는데 요즘은 시설 재배로 계절에 상관없이 생산된다.

노고추 음식공방의 비법

여름 얼갈이배추는 수분이 많아 오래 두고 먹는 저장용 김치로는 적당하지 않으니 살짝만 절여야 맛있다.

담그는 법

20인분

주재료
얼갈이배추 1단(1kg 정도)
부추 100g

절임물 재료
물 2컵
굵은소금 3큰술

감자풀 재료
맛국물 2컵
감자 1개(250g 정도)

양념 재료
고춧가루 3큰술
다진 마늘 1큰술
다진 생강 1/4큰술
초피액젓 2큰술
새우젓 1큰술
매실청 1큰술
통깨 2큰술

대체 식재료
초피액젓 ▶ 멸치액젓, 뻑뻑젓, 까나리액젓
매실청 ▶ 배

1 얼갈이배추는 4~5cm 길이로 잘라 물에 씻어 절임물(물 2컵, 굵은소금 3큰술)에 30분 정도 절인다.

2 감자는 껍질을 벗겨 4등분하여 맛국물을 넣어 삶아 으깬다.

3 부추는 4~5cm 길이로 썬다.

4 큰 그릇에 감자풀, 양념 재료인 고춧가루, 다진 마늘, 다진 생강, 초피액젓, 새우젓, 매실청, 통깨를 넣어 섞고 얼갈이배추를 넣어 가볍게 버무린 다음 부추를 넣어 살살 버무린다. 실온에서 7~8시간 정도 익혀 냉장 보관한다.

얼갈이배추 이야기

얼갈이배추는 중국 북부 지역이 원산지로 우리나라에서는 겨울 재배용과 여름 재배용 종자로 나뉘며 씨를 뿌리고 3~4주 후부터 수확이 가능할 정도로 생육이 빠르다. 얼갈이배추를 고를 때에는 뿌리와 잎이 싱싱한지 확인한다.

냉장 보관하면 15일 정도 맛있게 먹을 수 있다.

양배추 김치

양배추는 사계절 내내 쉽게 구할 수 있는 채소로 여름철 배추가 귀하여 금배추로 불릴 때 배추 대신 담가 먹던 서민 김치다. 담가서 바로 먹을 수 있는데 아삭아삭하게 씹히는 양배추의 식감이 일품이다. 양배추는 단맛이 많아 단맛을 내는 재료를 첨가하지 않아도 된다.

노고추 음식공방의 비법
양배추김치는 오래 보관하면 무르고 시어지므로 조금씩 담그는 것이 좋다.

담그는 법

20인분

주재료
양배추 1kg
부추 100g
양파(중간 것) 1개

절임물 재료
물 1컵
굵은소금 1/2컵

찹쌀풀 재료
맛국물 1컵
찹쌀가루 4큰술

양념 재료
고춧가루 3큰술
다진 마늘 1큰술
다진 생강 1/4큰술
초피액젓 3큰술
새우젓 1큰술

대체 식재료
초피액젓 ▶ 멸치액젓, 까나리액젓

양배추 이야기

지중해 동부와 아시아가 원산지인 양배추는 우리나라에서는 호남 지방과 제주도에서 주로 재배된다.
싱싱하고 뿌리가 상하지 않은 것, 들어보았을 때 묵직하고 속이 꽉 찬 것으로 고른다. 양배추는 잎보다 줄기가 먼저 썩는 성질이 있으므로 쓰고 남은 양배추는 칼로 줄기를 잘라낸 다음 물에 적신 키친타월을 잘라낸 부분에 붙이면 싱싱하게 보관할 수 있다. 또 5℃ 이하에서 저장하면 실온에서 저장할 때보다 훨씬 신선도를 유지할 수 있다.

1 양배추는 겉잎을 떼어내고 가로, 세로 3~4cm 크기로 썬다.

2 양배추를 절임물(물 1컵, 굵은소금 1/2컵)에 1시간 정도 절인다.

3 부추는 3~4cm 길이로 썰고 양파는 채 썬다.

4 찹쌀풀을 쑤어 식힌 다음 큰 그릇에 담고 양념 재료인 고춧가루, 다진 마늘, 다진 생강, 초피액젓, 새우젓을 넣어 섞은 다음 양배추, 부추, 양파를 넣어 버무린다. 김치통에 담아 실온에서 8시간 정도 익혀 냉장 보관한다.

냉장 보관하면 20일 정도 맛있게 먹을 수 있다.

양배추 물김치

적색 양배추로 담근 물김치는 김치 재료에 빠질 수 없다고 생각하는 고춧가루를 넣지 않아도 되는 이색 물김치다. 적색 양배추에서 보랏빛 물이 아름답게 우러나 색다르게 맛볼 수 있고 맵지 않아 아이들도 잘 먹는다.

어린이 김치 추천

노고추 음식공방의 비법
배를 갈아 넣어도 좋지만 여름철에는 해독 작용과 강한 살균성을 지닌 매실청을 넣어도 좋다.

담그는 법

20인분

주재료
양배추 500g
적색 양배추 500g
쪽파 100g

보릿가루풀물 재료
물 1ℓ
보릿가루 2큰술

양념 재료
다진 마늘 1큰술
다진 생강 1/4큰술
초피액젓 5큰술
매실청 3큰술
굵은소금 1큰술

대체 식재료
초피액젓 ▶ 멸치액젓, 까나리액젓
매실청 ▶ 배, 사과, 양파

1 양배추와 적색 양배추는 가로, 세로 2~3cm 크기로 썰어 흐르는 물에 깨끗이 씻는다.

2 쪽파는 3cm 길이로 썬다.

3 보릿가루풀물을 쑤어 식혀서 큰 그릇에 담고 양념 재료인 다진 마늘, 다진 생강, 초피액젓, 매실청, 굵은소금을 넣어 섞는다.

4 양배추와 적색 양배추를 넣고 섞어서 김치통에 담아 8시간 정도 실온에서 익혀 냉장 보관한다.

양배추 이야기
품종에 따라 모양이 약간씩 다르지만 일반적으로 겉잎이 녹색이며 꼭지가 싱싱하고 깨끗한 것으로 고른다. 잘랐을 때 잎들이 치밀하게 차 있는 것이 맛있다. 남은 양배추는 랩으로 싸서 냉장고 채소칸에 넣어 둔다. 또 양배추는 칼로 자르는 것보다 손으로 뜯어 쓰는 것이 좋다.

냉장 보관하면 20일 정도 맛있게 먹을 수 있다.

여름 깍두기

여름에는 아무래도 깍두기를 잘 담가 먹지 않게 된다. 여름무는 수분이 많아 다른 계절에 나는 무보다 맛이 나지 않고 날이 더워 무가 쉽게 무르기 때문이다. 그래도 깍두기가 생각난다면 양파, 배, 감자 등을 넣어 맛을 돋우면 된다.

노고추 음식공방의 비법

여름무로 깍두기를 담근다면 무를 소금에 절이고 조금씩 자주 담가 먹는 게 좋다.
여름무는 수분이 많고 맛이 떨어지기 때문에 소금에 절이고 매실청이나 사과, 과일 등을 넣어 맛을 내는 것이 좋다.

담그는 법

20인분

주재료
무 1개(1.2kg 정도)
감자 2개
양파 1개
배 1개
쪽파 100g

절임물 재료
물 1컵
굵은소금 1/2컵

양념 재료
고춧가루 4큰술
다진 마늘 1큰술
다진 생강 1/4큰술
새우젓 2큰술

1 무는 깨끗이 씻어 가로, 세로 2~3cm 크기로 깍둑 썰고 절임물(물 1컵, 굵은소금 1/2컵)에 1시간 정도 절인다.

2 절인 무는 물에 한 번 헹궈 체에 밭쳐 물기를 뺀다.

3 감자는 껍질을 벗기고 4등분하여 채반에 얹어 쪄서 으깬다.

4 양파는 강판에 갈아 으깬 감자와 섞고 배는 강판에 갈아 즙을 낸다.

5 쪽파는 1~2cm 길이로 썬다.

여름무 이야기

여름에 시장에서 볼 수 있는 무는 가을무를 저장했다가 내놓은 것과 고랭지에서 재배된 무로 나뉜다. 여름에 생산된 진짜 여름무는 정선, 평창, 홍천 등의 강원도와 장수, 무주 등의 산간 지역에서 재배되어 7월부터 9월까지 출하된다.

6 큰 그릇에 양파와 섞은 감자, 배즙, 쪽파, 양념 재료인 고춧가루, 다진 마늘, 다진 생강, 새우젓을 넣어 섞는다.

7 양념에 무를 넣어 버무려 김치통에 담고 10시간 정도 실온에서 익혀 냉장 보관한다.

냉장 보관하면 15일 정도 맛있게 먹을 수 있다.

여름 배추김치

겨울부터 초봄까지 맛있게 맛본
김장김치는 봄을 지나면서 신선한 맛이
떨어진다. 그래서 묵은 김장김치보다는
입맛을 돋우는 싱싱한 김치를 찾게 된다.
여름에도 배추김치가 생각나기 마련이라
여름배추로 김치를 담가보았다.

노고추 음식공방의 비법

여름배추는 가을이나 겨울배추처럼 생육 기간이 길지 않아 김장 배추와 달리 같은 양의 소금을 넣어 절이더라도 절이는 시간을 짧게 해야 한다. 날이 더워 빨리 절여지기도 하고 겨울배추보다 무르기 때문이기도 하다. 보리새우는 겨울이 제철이라 겨울에 냉동시켜 놓았다가 여름에 사용한다. 보리새우가 없으면 생략해도 되지만 보리새우를 넣으면 김치가 시원하고 감칠맛도 난다. 찹쌀죽을 끓일 때 압력솥을 이용하면 빨리 끓일 수 있다.

담그는 법

4인 가족 한 달 치

주재료
배추 2포기(6kg 정도)
무 1/2개(600g 정도)
배(중간 것) 1개
부추 100g

절임물 재료
물 3ℓ
굵은소금 3컵

찹쌀죽 재료
맛국물 3컵
찹쌀 50g
감자 3개

양념 재료
보리새우 100g
맛국물 1컵
고춧가루 3컵
다진 마늘 4큰술
다진 생강 1큰술
초피액젓 10큰술
새우젓 2큰술

대체 식재료
초피액젓 ▶ 멸치액젓, 까나리액젓

여름배추 이야기
배추는 저온성 식물이다. 서늘한 기온에서 자라야 속이 꽉 차고 고소한 맛도 난다. 여름배추는 주로 해발 600~1000m의 고랭지에서 여름부터 김장철 직전까지 수확한다. 그래도 맛은 김장배추보다는 못하다.

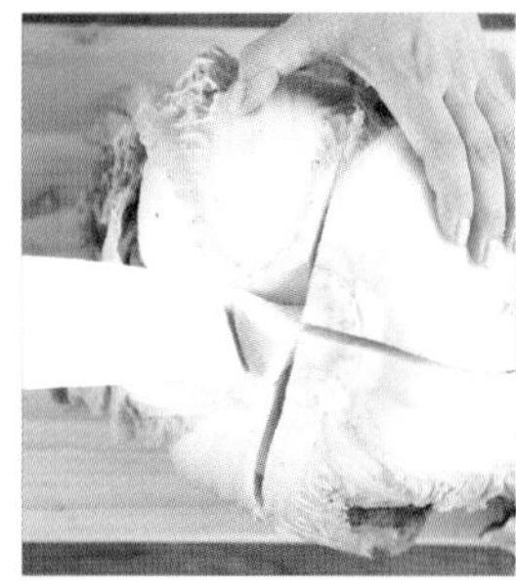

1 배추는 누런 잎을 떼어 내고 밑동에 열십자로 칼집을 넣어 밑동을 파낸다. 이때 완전히 자르지 말고 1/3 정도만 칼집을 넣는다.

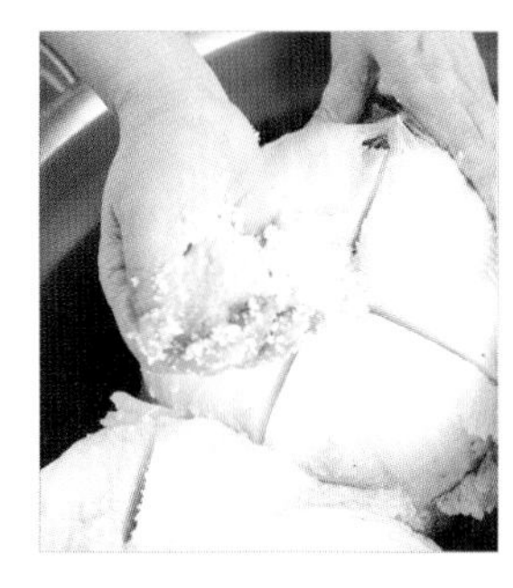

2 큼직한 대야에 물 3ℓ와 굵은소금 2컵 반 정도를 넣어 녹인 다음 배추를 소금물에 굴린다. 배추를 세워 소금물을 3~4번 끼얹고 나머지 굵은소금은 배추 밑동에 소복이 쌓듯 채워 2시간 정도 절인다.

3 배추를 절이기 시작한 지 2시간 정도 지나면 반으로 쪼개어 켜켜이 소금을 뿌린다. 2시간 정도 지나면 한번 뒤집는다.

4 6~7시간 정도 절인 배추는 물에 헹궈 체에 밭쳐 물기를 뺀다.

5 찹쌀은 씻어 물에 3~4시간 정도 불려 냄비에 껍질을 벗긴 감자와 맛국물 3컵을 함께 넣어 찹쌀죽을 쑨다. 보리새우는 맛국물 1컵을 넣고 삶아 믹서에 간다.

6 무와 배는 채 썰고 부추는 4~5cm 길이로 썬다.

7 큰 그릇에 무, 배, 부추를 넣고 찹쌀죽과 보리새우 맛국물, 고춧가루, 다진 마늘, 다진 생강, 초피액젓, 새우젓을 넣고 섞는다.

8 배추에 소를 넣고 김치통에 담아 실온에서 7~8시간 정도 익혀 냉장 보관한다.

냉장 보관하면 한 달 정도 맛있게 먹을 수 있다.

배추 백김치

어릴 적 엄마가 담가 주시던 백김치는 여러 가지 재료를 넣지 않고 마늘과 생강만 넣어도 맛있었다.

어린이 김치 추천

노고추 음식공방의 비법
백김치의 간은 조금 싱겁게 하는 것이 좋다. 또 여름 김치는 국물이 자작하게 담그는 것이 좋으며 풀물은 넣지 않아도 된다.

담그는 법

60인분

주재료
배추 2포기(5kg 정도)
무 300g
배 1개

절임물 재료
물 4ℓ
굵은소금(천일염) 4컵

밀가루풀 재료
밀가루 1큰술
물 3컵

양념 재료
다진 마늘 1컵(200g)
다진 생강 1큰술(20g)
초피액젓 1컵
새우젓 1/2컵
매실청 1/2컵

1 배추는 반으로 자른다.

2 물 4ℓ에 굵은소금을 넣어 녹인다.

3 배추의 밑동에 칼집을 넣는다.

4 절임물에 배추를 넣어 8시간 정도 절인다.

5 다 절인 배추는 물에 씻어 체에 밭쳐 물기를 뺀다.

6 냄비에 물 3컵과 밀가루를 넣어 중간 불로 말갛게 풀을 쑨다.

7 무와 배는 즙을 낸다.

8 다진 마늘, 다진 생강, 초피액젓, 새우젓을 준비한다.

9 볼에 무즙, 배즙, 다진 마늘, 다진 생강, 초피액젓, 새우젓, 매실청을 넣어 섞는다. 절여 물기를 뺀 배추에 소를 넣어 김치통에 담는다.

15일에서 90일 정도 맛있게 먹을 수 있다.

여름 백김치

여름 백김치는 여름에 시원하게 먹을 수 있는 김치다. 배를 넣어서 그 맛이 아주 시원한데, 배가 없을 때는 피망과 매실청을 함께 넣으면 색감이 살아나서 보기 좋다.

노고추 음식공방의 비법
백김치를 보관할 때는 절인 배추 우거지로 김치 위를 덮어 꾹꾹 눌러 담는다. 고춧가루를 넣지 않고 심심하게 담근 김치는 변질되기 쉬우므로 꺼낸 후에는 우거지로 다시 덮고 꾹꾹 눌러줘야 한다.

담그는 법

4인 가족 한 달 치

주재료
배추 2포기(1포기 3kg 정도)
무 500g
홍고추 3~4개
쪽파 100g
배 2개
깐 밤 200g
대추 10개(50g 정도)

절임물 재료
물 3ℓ
굵은소금 3컵

찹쌀죽 재료
맛국물 5컵
찹쌀 100g

양념 재료
다진 마늘 4큰술
다진 생강 1큰술
새우젓 1컵
초피액젓 5큰술

대체 식재료
초피액젓 ▶ 멸치액젓, 까나리액젓

1 배추는 손질하여 절임물에 8시간 정도 절인다(★배추 손질과 절이는 법은 268쪽을 참조한다).

2 찹쌀을 씻어 물에 3~4시간 정도 불려 냄비나 압력솥에 맛국물을 넣고 죽을 쑤어 식힌다.

3 무는 곱게 채 썰고 홍고추는 채 썰고 쪽파는 3~4cm 길이로 썬다.

4 배, 깐 밤, 대추는 채 썬다.

5 큰 그릇에 무, 홍고추, 쪽파, 배, 밤, 대추, 찹쌀죽을 넣고 양념 재료인 다진 마늘, 다진 생강, 새우젓, 초피액젓을 넣고 고루 버무린다.

6 배추에 소를 켜켜이 넣고 김치통에 담아 실온에서 10일 정도 익혀 냉장 보관한다.

여름배추 이야기

해발 250~1000m의 고랭지에서 생산되는 여름배추는 고소한 맛은 김장배추보다 못하지만 배, 밤, 대추 등을 넣어 백김치를 담가 먹으면 좋다.

냉장 보관하면 한 달 정도 맛있게 먹을 수 있다.

알배추 겉절이

여름에는 날씨가 더워 배추 속이
무를 수 있으므로 싱싱한 것으로
골라서 김치를 담가야 한다.

노고추 음식공방의 비법
겉절이 식으로 바로 먹어도 맛있다.

담그는 법

20인분

주재료
알배추 1kg
부추 150g

절임물 재료
물 3컵
굵은소금 1컵

감자풀 재료
맛국물 2컵
감자 2개

양념 재료
고춧가루 3큰술
다진 마늘 2큰술
다진 생강 1/4큰술
초피액젓 3큰술
새우젓 1큰술
매실청 2큰술
통깨 3큰술

대체 식재료
초피액젓 ▶ 멸치액젓, 까나리액젓
매실청 ▶ 배

알배추 이야기
봄부터 여름까지 알배추가 시장에 나온다. 속은 꽉 차지 않고 잎은 김장배추보다 연하고 달며 물이 많아 겉절이로 만들면 좋다.

1 배추는 물에 한 번 씻어 먹기 좋은 크기로 손으로 찢거나 칼로 썬다.

▶

2 배추를 절임물(물 3컵, 굵은소금 1컵)에 2시간 정도 절여 물에 헹궈 체에 밭쳐 물기를 뺀다.

3 감자는 껍질을 벗겨 4등분하여 맛국물과 함께 삶아 식힌 다음 큰 그릇에 넣어 으깬다.

4 부추는 씻어 2~3cm 길이로 썬다.

5 감자풀 그릇에 양념 재료인 고춧가루, 다진 마늘, 다진 생강, 초피액젓, 새우젓, 매실청, 통깨를 넣고 섞는다. 양념에 배추를 넣고 버무린 다음 부추를 넣고 살살 버무려 김치통에 담아 바로 냉장 보관한다.

냉장 보관하면 15일 정도 맛있게 먹을 수 있다.

알타리 김치

알타리는 총각무, 달랑무, 알무 등 여러 가지 이름이 있다. 계절에 따라 맛은 살짝 차이가 있는데 가을에는 여름보다 단단하여 아삭한 맛이 있다. 알타리김치는 남쪽 지방에서 만들어 먹기 시작하였는데 김장을 담그기 전 동치미로 담가 배추김치보다 일찍 먹기도 한다.

노고추 음식공방의 비법

알타리를 절일 때는 통으로 절여야 무의 단맛이 빠져나가지 않는다.

담그는 법

20인분

주재료
알타리 1단(1.2kg 정도)
쪽파 100g

절임물 재료
물 1컵
굵은소금 1/2큰술

감자 삶는 물 재료
맛국물 2컵
감자 1개

양념 재료
고춧가루 6큰술
다진 마늘 1큰술
다진 생강 1/4큰술
초피액젓 3큰술
새우젓 2큰술
매실청 3큰술

대체 식재료
초피액젓 ▶ 멸치액젓, 까나리액젓
매실청 ▶ 배

1 알타리는 겉잎을 떼어내고 밑동과 잔털을 칼로 다듬어 깨끗이 씻는다. 길이로 반 갈라 어슷하게 썰어 절임물(물 1컵, 굵은소금 1/2큰술)에 1시간 정도 절인다.

2 쪽파는 4~5cm 길이로 썬다. 감자는 맛국물과 함께 삶아 으깬다.

3 큰 그릇에 찹쌀풀과 으깬 감자를 넣고 양념 재료인 고춧가루, 다진 마늘, 다진 생강, 초피액젓, 새우젓, 매실청을 넣고 섞는다.

4 양념에 알타리와 쪽파를 넣어 버무려 김치통에 담고 실온에서 10일 정도 익혀 냉장 보관한다.

알타리 이야기

알타리를 총각무라고도 하는데 총각이란 '상투를 틀지 않고 머리를 땋아서 묶은 결혼하지 않은 성년 남자'를 뜻한다. 무청의 모양이 총각의 땋은 머리와 비슷하여 총각무라고도 부른다.

냉장 보관하면 15일 정도 맛있게 먹을 수 있다.

대파 알타리 물김치

알타리 물김치에 파를 넣어야 시원한 맛이 난다. 그러나 초여름이 되면 쪽파가 귀해지고 맛도 없어진다. 이때 맛에 물이 오른 대파를 넣으면 시원한 맛과 단맛을 즐길 수 있다.

노고추 음식공방의 비법

대파 알타리 물김치는 익혀서 먹는 것이 맛있다. 일반 냉장고에서 일주일 정도 두면 맛있게 익는다. 또 홍고추 1/2개를 채 썰어 물에 씻어 넣으면 색이 고와진다.

담그는 법

20인분

주재료
알타리 1단(1kg)
대파 200g
배(큰 것) 1개
불린 청각 30g
소금 3큰술

절임물 재료
물 2컵
굵은소금(천일염) 2큰술

밀가루풀물 재료
밀가루 1큰술
물 1ℓ

양념 재료
다진 마늘
1큰술+1/2큰술(30g)
다진 생강
1큰술+1/2큰술(15g)

★ 대파 잎을 넣으면 진액이 나와 국물이 텁텁하고 맛이 떨어진다.

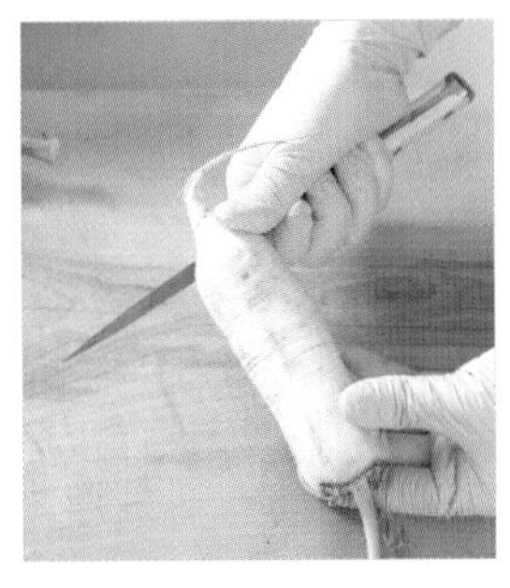
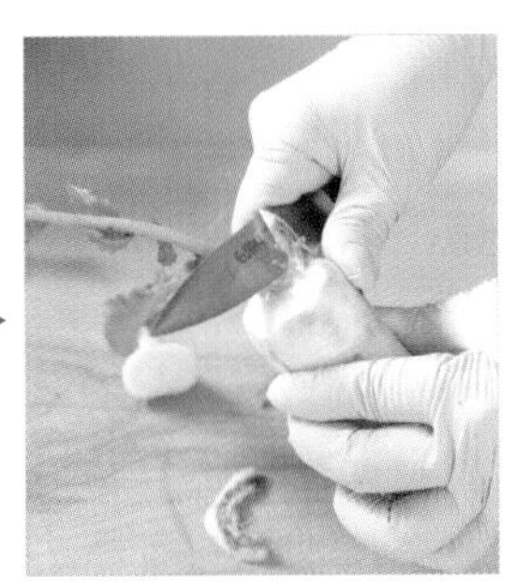

1 알타리는 누런 잎을 떼어낸 다음 밑동을 잘라내어 다듬는다.

2 알타리의 무 껍질은 필러로 벗겨낸다.

3 물 2컵에 굵은소금을 넣어 녹인 다음 알타리를 넣어 2시간 정도 절인다.

4 알타리는 물에 씻어 체에 밭쳐 물기를 뺀다.

5 대파는 다듬어 잎은 잘라내고 흰부분만 사용한다.

6 배는 즙을 낸다.

7 볼에 밀가루풀물 1.5ℓ를 붓고 배즙, 불린 청각, 소금 3큰술을 넣는다. 베주머니에 다진 마늘과 다진 생강을 넣어 넣는다.

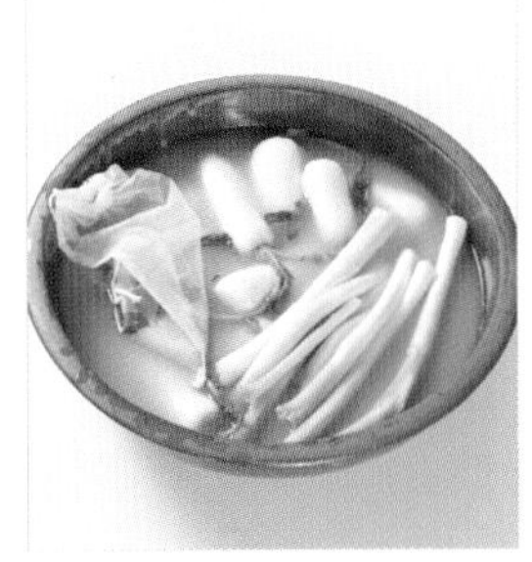

8 양념에 대파와 알타리를 넣는다. 통에 담아 실온에 하루 정도 두었다가 냉장 보관한다.

10일에서 60일 정도 맛있게 먹을 수 있다.

어린 대파김치

모든 요리에 양념으로 쓰이는 대파는 식이섬유가 많고 혈액 순환과 면역력을 높여 주는데 도움이 된다. 특히 대파로 김치를 담가 육류를 먹을 때 함께 먹으면 소화를 도와주고 입맛이 개운하다.

노고추 음식공방의 비법

대파가 너무 굵으면 질기므로 어리고 연한 대파를 사용하는 것이 좋다.

담그는 법

30인분

주재료
어린 대파 1kg

감자 삶은 물 재료
감자(작은 것) 1개
물 4컵

양념 재료
고춧가루 10큰술
다진 마늘 2큰술
뻑뻑이젓 12큰술
새우젓 4큰술
매실청 8큰술

1 어린 대파는 손질하여 물에 씻어 체에 밭쳐 물기를 뺀다.

2 고춧가루, 매실청, 다진 마늘, 뻑뻑이젓, 새우젓을 준비한다.

3 냄비에 감자와 물 2컵을 부어 푹 삶아 믹서에 간다.

4 볼에 삶은 감자, 고춧가루, 다진마늘, 뻑뻑이젓, 새우젓, 매실청을 넣어 섞는다.

5 양념에 대파를 넣어 뿌리 부분에만 양념을 묻힌다.

6 대파의 숨이 죽으면 잎 부분도 양념을 묻힌다. 김치통에 담아 실온에서 3~4일 정도 익혀서 냉장 보관한다.

대파 이야기
대파는 흰 부분이 많고 탄력이 있고 윤기가 있는 것이 좋다. 또 줄기가 곧고 시들지 않았으며 잎 부분이 고르고 녹색을 띤 것, 잔뿌리가 적은 것이 좋다.

15일에서 60일 정도 맛있게 먹을 수 있다.

청경채 물김치

청경채는 비트와 비슷하게 파종을 하면 잘 자라는 채소이다. 중국이 고향이다 보니 아무래도 육수를 내서 데쳐 먹는 중국 요리에서 자주 보게 되는데 김치를 담그면 별미다. 수분이 많고 청경채 특유의 아삭아삭하게 씹히는 맛을 살려 물김치를 담그면 시원한 맛이 일품이다.

노고추 음식공방의 비법

청경채 물김치는 맛이 더 시원하고 국물이 맑도록 보릿가루풀물을 쑤어 넣는다. 만약 보릿가루가 없으면 밀가루나 감자 하나를 삶아 사용해도 좋다. 또 양파를 채 썰어 넣어도 맛있다.

담그는 법

20인분

주재료
청경채 1kg
쪽파 100g

절임물 재료
물 1컵
굵은소금 3큰술

보릿가루풀물 재료
물 1ℓ
보릿가루 2큰술

양념 재료
홍고추 2개
배(중간 것) 1개
고춧가루 3큰술
초피액젓 5큰술
다진 마늘 2큰술
다진 생강 1/2큰술

대체 식재료
초피액젓 ▶ 멸치액젓, 까나리액젓
보릿가루 ▶ 밀가루, 삶은 감자

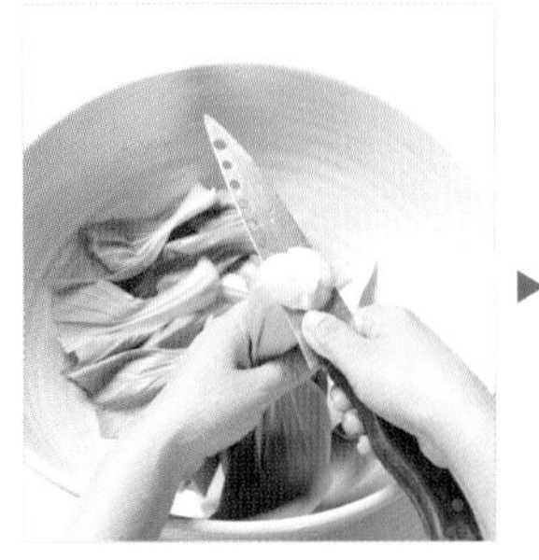

1 청경채는 밑동을 자르고 절임물(물 1컵, 굵은소금 3큰술)에 20분 정도 절인다.

2 청경채를 물에 씻어 체에 밭쳐 물기를 뺀다.

3 쪽파는 2~3cm 길이로 썰고 홍고추는 어슷하게 썬다.

4 보릿가루풀물을 쑤어 식히고 배는 강판에 갈아서 즙을 낸 다음 풀물에 넣어 섞고 청경채, 쪽파, 홍고추를 넣는다. 고춧가루는 거름망에 곱게 풀어 넣는다.

5 초피액젓, 다진 마늘, 다진 생강을 넣고 버무려 김치통에 담아 바로 냉장 보관한다.

냉장 보관하면 한 달 정도 맛있게 먹을 수 있다.

청경채 이야기

잎과 줄기가 푸른색을 띠어 청경채라 불린다. 잎과 줄기가 연하고 특별한 향이나 맛이 없어 김치를 담가도 맛있다. 뼈 건강에 도움을 주는 칼슘이 풍부하고 비타민 C도 많이 함유하여 꾸준히 먹으면 피부도 좋아진다.

청경채 김치

청경채는 맛이나 향이 강하지 않아 김치를 담가 겉절이처럼 먹어도 맛있다. 부드럽고 순한 맛이 나며 아삭하게 씹히는 맛이 식욕을 돋운다.

노고추 음식공방의 비법
청경채김치에 풀 대신 감자를 삶아 넣으면
감자의 감칠맛과 청경채의 식감이 잘 어우러진다.

담그는 법

20인분

주재료
청경채 1kg
부추 100g

절임물 재료
물 1컵
굵은소금 3큰술

감자풀 재료
감자(중간 것) 2개
맛국물 2컵
매실청 2큰술

양념 재료
고춧가루 3큰술
다진 마늘 2큰술
다진 생강 1/2큰술
초피액젓 2큰술
새우젓 1큰술

대체 식재료
초피액젓 ▶ 멸치액젓, 까나리액젓
매실청 ▶ 배

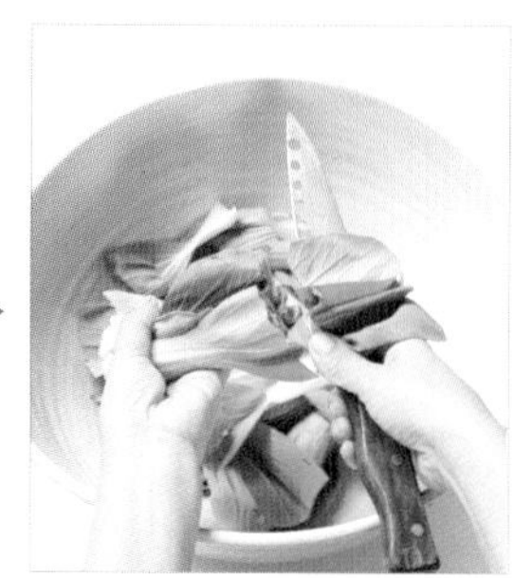

1 청경채는 밑동을 자르고 잎의 끝 쪽도 손질한다.

2 절임물(물 1컵, 굵은소금 3큰술)에 30분 정도 절인다.

3 청경채를 두세 번 씻어 체에 밭쳐 물기를 뺀다.

4 감자는 껍질을 벗기고 맛국물과 함께 삶아 으깨어 매실청과 섞는다.

5 부추는 3~4cm 길이로 썬다.

6 큰 그릇에 감자풀을 담고 양념 재료인 고춧가루, 다진 마늘, 다진 생강, 초피액젓, 새우젓을 넣고 섞는다.

7 양념에 청경채와 부추를 넣고 버무려 김치통에 담아 냉장 보관한다.

냉장 보관하면 20일에서 한 달 정도 맛있게 먹을 수 있다.

청경채 이야기

잎과 줄기가 모두 푸르다는 뜻을 지닌 청경채. 잎이 싱싱하며 잎 줄기가 연한 푸른 녹색을 띠고 윤기가 나는 것을 고른다.

청경채 백김치

청경채는 주로 볶아 먹거나 샐러드 쌈으로 많이 먹는데, 김치를 담가도 맛있다. 청경채는 부드러우면서 아삭한 식감이 있어 담가 바로 먹어도 좋다.

어린이 김치 추천

노고추 음식공방의 비법

청경채는 깨끗이 씻어 절이지 않고 담가도 된다.
이 김치는 바로 먹어도 되지만 익혀서 먹으면 더 맛있다.

담그는 법

20인분

주재료
청경채 1kg
배 1개
노랑·빨강 파프리카 1개씩
양파 1개
쪽파 10뿌리
소금 1큰술

절임물 재료
물 1ℓ
굵은소금(천일염) 1컵

감자 삶은 물 재료
감자 1개
물 4컵

양념 재료
다진 마늘
2큰술+1/2큰술(50g)
다진 생강
1큰술+1/2큰술(15g)
초피액젓 3큰술
새우젓 2큰술
소금 1큰술

청경채 이야기
중국이 원산지인 청경채는 쌈밥집에서 많이 사용하면서 유명해졌다. 식감이 아삭하여 김치를 담으면 샐러드를 먹는 듯한 독특한 느낌이 난다.

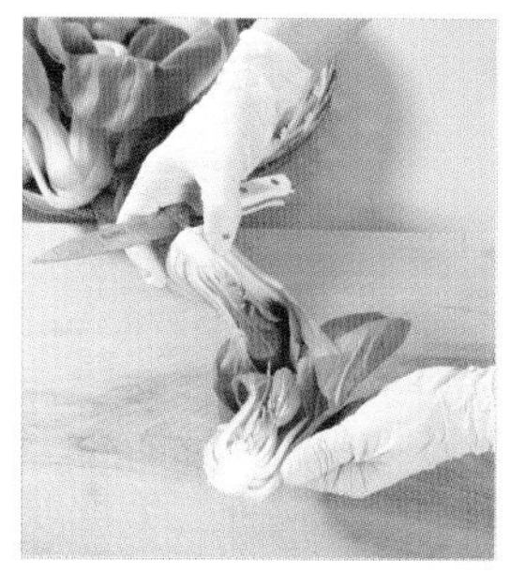

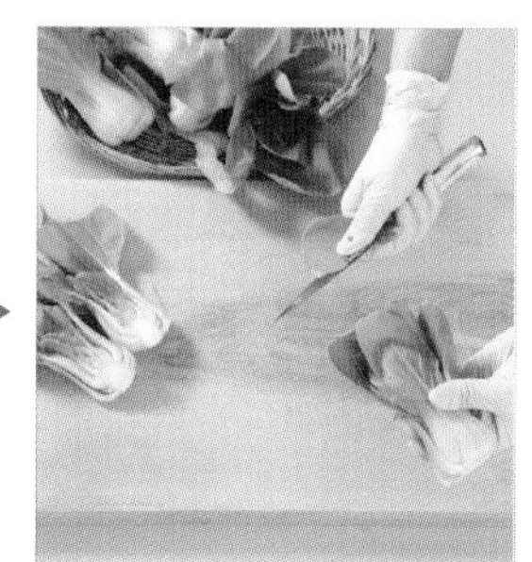

1 청경채는 반으로 갈라 잎과 뿌리 부분은 잘라낸다.

2 물 1ℓ에 굵은소금을 넣고 녹인 다음 청경채를 넣어 1시간 정도 절인다.

3 냄비에 감자와 물 2컵을 부어 푹 삶는다.

4 믹서에 삶은 감자와 물 2컵을 넣고 곱게 간다.

5 배는 갈아 즙을 낸다.

6 다진 마늘, 다진 생강, 초피액젓, 새우젓을 준비한다.

7 노랑 파프리카, 빨강 파프리카, 양파는 5cm 길이로 썰고 쪽파는 적당한 크기로 썬다.

8 볼에 노랑 파프리카, 빨강 파프리카, 양파, 쪽파, 배즙, 감자 삶은 물, 다진 마늘, 다진 생강, 초피액젓, 새우젓을 넣어 섞은 다음 청경채를 넣어 가볍게 버무려 통에 담아 바로 냉장 보관한다.

5일에서 30일 정도 맛있게 먹을 수 있다.

풋고추 소박이

풋고추 소박이에 쓰이는 고추는 껍질이 부드러워야 아삭한 식감이 난다. 늦여름 고추는 껍질이 질겨 소박이용으로 적합하지 않으니 늦여름이 오기 전에 부지런히 담가 먹어야 할 여름 김치다. 또 이 김치에는 빽빽젓을 넣어 풍부한 맛을 살렸다. 빽빽젓은 멸치액젓을 담가 숙성시키면 멸치의 뼈만 남는데 이 뼈만 건져낸 다음 걸쭉하게 남은 액젓이다. 빽빽젓을 면포에 밭쳐 걸러내면 맑은 멸치액젓이 된다. 빽빽젓 대신 멸치액젓을 넣어도 좋다.

노고추 음식공방의 비법
소박이에 당근 대신에 무를 넣으면 시원한 맛이 난다.

담그는 법

20인분

주재료
풋고추 500g
당근 1/4개
부추 150g

절임물 재료
물 1컵
굵은소금 1/4컵

찹쌀풀 재료
맛국물 1컵
찹쌀가루 3큰술

양념 재료
고춧가루 3큰술
다진 마늘 1큰술
다진 생강 1/4큰술
뻑뻑젓 5큰술
매실청 3큰술
통깨 2큰술

대체 식재료
뻑뻑젓 ▶ 멸치액젓
매실청 ▶ 사과

1 풋고추는 껍질이 부드럽고 통통한 것으로 골라 길이로 한 줄만 칼집을 넣어 절임물(물 1컵, 굵은소금 1/4컵)에 1시간 정도 절인다.

2 당근은 곱게 채 썰고 부추는 송송 썬다.

3 찹쌀풀을 쑤어 큰 그릇에 담고 당근, 부추를 넣고 양념 재료인 고춧가루, 다진 마늘, 다진 생강, 뻑뻑젓, 매실청, 통깨를 넣어 섞는다.

4 풋고추에 소를 채워 김치통에 담아 바로 냉장 보관한다.

풋고추 이야기

남미에서 유럽으로 전해진 후 세계로 퍼진 고추. 페루에서는 2000년 전부터 재배되었는데 우리나라는 400여 년 전 임진왜란 때 일본에서 들어와 '왜개자'라고 불렀다고 한다. 풋고추는 완전히 익지 않은 푸른빛이 도는 고추이다.

냉장 보관하면 한 달 정도 맛있게 먹을 수 있다.

풋고추 상추 물김치

여름 별미 물김치로는 풋고추를 곱게 갈아 담근 물김치를 꼽을 수 있다. 풋고추를 갈아서 물김치를 담그면 김치 국물의 색이 초록색이 되어 식욕이 동하고 매콤하면서도 상큼한 향이 침샘을 자극한다. 매운맛을 좋아하면 청양고추를 갈아 넣어도 좋다. 상추 줄기를 자르면 하얀 액체가 나오는 것을 볼 수 있는데 락투카리움이라는 성분이다. 이 성분이 신경을 진정시키고 졸음을 오게 만들어 불면증을 완화시킨다. 그래서 불면증이 심할 때는 상추대만으로 물김치를 만들어 먹어도 좋다고 한다.

노고추 음식공방의 비법

홍고추와 양파를 채 썰어 넣으면 맛도 좋고 식감도 좋다. 풋고추 대신 홍고추를 넣어도 된다.

담그는 법

20인분

주재료
상추 1kg
풋고추 300g
홍고추 2개
양파 1개

밀가루풀물 재료
물 1ℓ
밀가루 1큰술

양념 재료
다진 마늘 2큰술
다진 생강 1/2큰술
매실청 2큰술
초피액젓 3큰술
고운 소금 1큰술

대체 식재료
매실청 ▶ 배
초피액젓 ▶ 멸치액젓, 까나리액젓

풋고추와 상추 이야기

풋고추를 만져보았을 때 부드러운 것은 맵지 않고, 딱딱한 것은 매운 편이다. 크기와 모양이 비슷하고 깨끗하며 윤기가 도는 것으로 고른다.
상추로 물김치를 담글 때에는 너무 연해서 잎이 찢어지거나 쉽게 무르는 것보다는 굵고 잎이 억센 상추로 고른다.

1 상추는 낱장으로 된 것보다 여러 잎이 달린 대로 준비하여 깨끗이 씻어 큰 그릇에 담는다.

2 풋고추는 꼭지를 떼어내고 3등분하여 씨째 곱게 갈아 상추 그릇에 담는다.

3 홍고추는 어슷하게 썰고 양파는 채 썬다.

4 밀가루풀물을 쑤어 식힌 다음 양념 재료인 다진 마늘, 다진 생강, 매실청, 초피액젓, 고운 소금을 넣고 섞는다. 상추, 홍고추, 양파를 넣어 살살 버무려 김치통에 담아 냉장 보관한다.

냉장 보관하면 한 달 정도 맛있게 먹을 수 있다.

깻잎 김치

깻잎김치는 비타민과 무기질이 많아서 영양적으로 우수한 음식이다. 요즘에는 깻잎을 계절에 상관없이 항상 구할 수 있어 식탁에 자주 올리면 좋다. 깻잎김치는 냄새가 강한 육류와 함께 먹으면 궁합이 잘 맞는다.

노고추 음식공방의 비법

깻잎에 양념을 바를 때 위로 가면서 양념의 양을 조금씩 줄인다. 보관하면서 양념이 위에서 아래로 흘러내려 아래쪽 깻잎이 짜질 수 있다.

담그는 법

20인분

주재료
깻잎 100장
당근 1/4개

양념 재료
고춧가루 3큰술
다진 마늘 2큰술
초피액젓 3큰술
맛국물 5큰술
통깨 2큰술

대체 식재료
초피액젓 ▶ 멸치액젓, 까나리액젓

1 깻잎은 흐르는 물에 깨끗이 씻어 체나 소쿠리에 밭쳐 20분 정도 물기를 빼고 가위로 꼭지를 잘라낸다.

2 당근은 곱게 채 썬다.

3 큰 그릇에 당근채, 고춧가루, 다진 마늘, 초피액젓, 맛국물, 통깨를 넣고 고루 섞는다.

4 김치통에 깻잎을 2~3장씩 겹쳐 담고 숟가락으로 양념을 바르는 과정을 반복하여 냉장 보관한다.

깻잎 이야기

깻잎은 들깻잎과 참깻잎을 통틀어 이르는 말로 시중에서 1년 내내 판매하는 깻잎은 들깻잎으로 참깻잎은 먹지 않는다. 깻잎에는 피로 회복과 피부 미용을 돕는 비타민 C가 풍부하다. 철분, 엽산, 칼슘 등 임산부에게 필요한 영양 성분도 함유되어 있다. 특유의 향이 진하고 녹색의 잎이 벌레 먹지 않았으며 줄기가 마르지 않은 것을 택한다.

냉장 보관하면 한 달 정도 맛있게 먹을 수 있다.

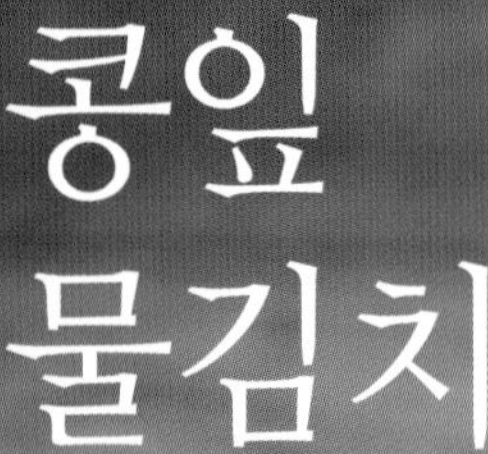

이 물김치가 아주 생소한 분도 있겠지만 콩잎 물김치는 주로 경상도에서 많이 담가 먹는다. 익지 않으면 풋내가 나므로 익혀 먹어야 한다. 익으면서 비린 맛은 사라지고 부드럽고 시원한 맛이 나서 여름철 입맛을 돋운다.

노고추 음식공방의 비법

보릿가루가 없을 때는 보리쌀을 삶은 물을 사용해도 좋다. 된장은 집된장을 넣는데 짠맛에 따라 양은 가감한다. 또 김치를 보관할 때 김치에 공기가 들어가면 맛이 쉽게 변하기 때문에 들뜨지 않게 눌러주어야 하는데 사기 그릇을 뒤집어 덮으면 된다.

담그는 법

20인분

주재료
콩잎 5묶음(1묶음 140g 정도)
홍고추 5개
청양고추 5개
양파 1개

보릿가루풀물 재료
물 2ℓ
보릿가루 3큰술

양념 재료
집된장 3큰술
다진 마늘 2큰술
다진 생강 1작은술
초피액젓 3큰술
고운 소금 2작은술

대체 식재료
초피액젓 ▶ 멸치액젓, 까나리액젓

1 콩잎은 흐르는 물에 씻어 체나 소쿠리에 밭쳐 20분 정도 물기를 빼고 가위로 꼭지를 잘라 낸다.

2 보릿가루풀물을 쑤어 식힌 다음 믹서에 된장, 양파와 함께 넣고 곱게 간다.

3 홍고추와 청양고추는 어슷하게 썬다.

4 큰 그릇에 보릿가루풀물을 담고 홍고추, 청양고추, 양념 재료인 다진 마늘, 다진 생강, 초피액젓, 고운 소금을 넣어 섞는다.

5 양념 국물에 콩잎을 담갔다가 꺼내어 김치통에 2~4장씩 켜켜이 담고 무거운 것으로 콩잎을 눌러 실온에서 하루 정도 익혀 냉장 보관한다.

콩잎 이야기

콩잎은 재래시장에서 구할 수 있는데 짙은 색이 나는 것은 질기므로 연둣빛이 나는 것으로 고른다.

냉장 보관하면 한 달 정도 맛있게 먹을 수 있다.

연근 물김치

연근 물김치는 담가서 바로 먹을 수 있는 김치로 식이섬유가 풍부하고 씹는 맛이 아삭하여 별미다. 고춧가루가 들어가지 않아 어린이나 어르신들이 먹기 좋다.

어린이 김치 추천

노고추 음식공방의 비법

연근 물김치를 담글 때는 연근을 끓는 물에 살짝 데쳐야 아삭한 식감을 살릴 수 있다.
또 연근은 껍질을 긁지 말고 살살 칼로 벗겨 얼른 찬물에 담가 헹궈야 한다. 그대로 공기 중에 두면 검게 변한다.
밀가루풀물을 끓일 때 감초 우린 물을 넣어도 좋다.

담그는 법

20인분

주재료
연근 2개
빨강 파프리카 1/2개
노랑 파프리카 1/2개
초록 파프리카 1/2개
대추 5개
배 1개

밀가루풀물 재료
물 1ℓ
밀가루 1큰술

양념 재료
오미자 1/2컵
초피액젓 5큰술
고운 소금 2작은술
다진 마늘 1큰술
다진 생강 1작은술

대체 식재료
초피액젓 ▶ 멸치액젓, 까나리액젓

1 밀가루풀물을 쑤어 식힌다.

2 연근은 껍질을 벗겨 얇게 썬다.

3 연근을 끓는 물에 살짝 데쳐 찬물에 헹궈 체에 밭쳐 물기를 뺀다.

4 파프리카는 반으로 잘라 씨를 제거한 다음 가로, 세로 2~3cm 크기로 깍둑 썰고 대추는 씨를 빼서 곱게 채 썬다.

5 배는 강판에 갈아 즙을 짠다.

6 큰 그릇에 연근, 파프리카, 대추, 배즙을 넣고 풀물과 양념 재료인 오미자, 초피액젓, 고운 소금을 넣어 섞은 다음 다진 마늘, 다진 생강을 베주머니에 담아 입구를 묶는다. 김치통에 담아 바로 냉장 보관한다.

연근 이야기

연근은 암놈과 수놈이 있는데 암놈이 아삭하고 식감이 좋고 수놈은 질기므로 암놈을 쓰는 것이 좋다. 암놈은 통통하고 길이가 짧고 수놈은 길이가 가늘고 길다. 늦가을에 채취한 햇연근이 섬유소가 연하고 깨끗하다.

냉장 보관하면 15일 정도 맛있게 먹을 수 있다.

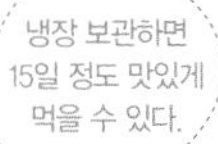

고구마 줄기 김치

고구마 줄기는 섬유소가 많아 다이어트나 변비 예방에 좋다. 고구마 줄기김치는 여름철에 담가 먹는 김치로 담백하고 상큼한 맛이 나며 다른 여름김치에 비해 비교적 오랫동안 저장해 두고 먹을 수 있다.

노고추 음식공방의 비법
고구마 줄기로 물김치를 담그면 연하고 아삭해서 맛있다.

담그는 법

20인분

주재료
고구마 줄기 1kg
당근 1/4개
쪽파 50g

절임물 재료
물 1컵
굵은소금 1컵

찹쌀풀 재료
맛국물 1컵
찹쌀가루 4큰술

양념 재료
고춧가루 4큰술
다진 마늘 2큰술
다진 생강 1/4큰술
뻑뻑젓 4큰술
매실청 3큰술

대체 식재료
뻑뻑젓 ▶ 멸치액젓, 까나리액젓, 새우젓
매실청 ▶ 배

1 고구마 줄기는 잎을 떼어낸다.

2 고구마 줄기의 껍질을 위에서 아래로 벗긴다.

3 고구마 줄기를 절임물(물 1컵, 굵은소금 1컵)에 30분 정도 절여 물에 헹군 다음 체에 밭쳐 물기를 뺀다.

4 찹쌀풀을 쑤어 식힌다.

5 당근은 곱게 채 썰고 쪽파는 4~5cm 길이로 썬다.

6 큰 그릇에 고구마 줄기, 당근, 쪽파, 찹쌀풀을 넣고 양념 재료인 고춧가루, 다진 마늘, 다진 생강, 뻑뻑젓, 매실청을 넣고 버무린다. 김치통에 담아 실온에서 7~8시간 정도 익혀 냉장 보관한다.

고구마 줄기 이야기

고구마 줄기는 고구마를 수확하기 전에 채취하여 나물로 먹는데 김치를 담가도 색다른 맛이 난다. 고구마 줄기는 무르거나 마르지 않았으며 줄기가 토실토실한 것을 고른다. 또한 줄기의 색이 연하며 질기지 않고 부드러운 것이 좋다.

냉장 보관하면 20일 정도 맛있게 먹을 수 있다.

케일 김치

주로 즙을 짜서 먹거나 쌈으로 먹는 케일. 어느 해 봄, 텃밭에 케일 씨앗을 뿌렸더니 정말 무성하게 잘 자라서 쌈을 싸 먹어도 남길래 부드러운 잎으로 김치를 담가보았더니 그 맛이 별미였다. 깻잎김치를 담그는 방법과 비슷하므로 간편하게 담글 수 있다.

노고추 음식공방의 비법
케일은 병충해가 심한 채소로 재배를 위해 농약을 많이 사용하므로 차라리 벌레 먹은 케일을 선택하는 것이 현명하다.

담그는 법

10인분

주재료
케일 450g

찹쌀풀 재료
맛국물 1컵+1/2컵
찹쌀가루 3큰술

양념 재료
초피액젓 2큰술
고춧가루 3큰술
다진 마늘 1큰술
새우젓 1/2큰술
통깨 2큰술
사과 1/2개

대체 식재료
초피액젓 ▶ 멸치액젓, 까나리액젓

1 케일은 물에 씻어 체나 소쿠리에 밭쳐 물기를 뺀다.

2 찹쌀풀을 쑤어 식힌 다음 초피액젓을 넣어 섞는다.

3 찹쌀풀에 고춧가루, 다진 마늘, 새우젓, 통깨, 사과를 채 썰어 넣는다.

4 김치통에 케일을 2~3장씩 겹쳐 담고 양념장을 펴 바르는 과정을 반복하여 냉장 보관한다.

냉장 보관하면 한 달 정도 맛있게 먹을 수 있다.

케일 이야기

양배추의 선조 격으로 원산지는 지중해이다. 잎의 가장자리가 오글거리는 곱슬케일과 쌈채소로 먹는 쌈케일, 흰색과 핑크색이 어우러진 꽃케일 등이 있는데 케일김치는 쌈케일로 담갔다. 부드럽고 신선한 어린잎은 단맛이 난다.

돌나물 백물김치

돌나물은 봄이 되면 텃밭 언저리나 바위 틈 사이에서 많이 난다. 요즘은 돌나물도 재배를 많이 하는데, 노지에서 나는 것이 좋다. 돌나물 물김치에 파프리카를 넣어 색감을 살렸다.

노고추 음식공방의 비법

돌나물은 꽃이 피면 질기고 쓴맛이 나므로 꽃이 피기 전에 먹는 것이 좋다.
또 파프리카는 어린이용으로 담근다면 아이가 먹기 좋도록 작게 깍둑썰기 한다.

담그는 법

30인분

주재료
돌나물 500g
무 300g
노랑 · 빨강 · 주황 파프리카 1개씩
양파 1개
굵은소금(천일염) 2큰술
배(큰 것) 1개

양념 재료
다진 마늘 2큰술(40g)
다진 생강 1큰술(10g)

밀가루풀물 재료
물 1ℓ
밀가루 1큰술

1 돌나물은 손질하여 물에 씻어 체에 밭쳐 물기를 뺀다.

2 무, 노랑 파프리카, 빨강 파프리카, 주황 파프리카는 적당한 크기로 깍둑썰기 한다. 양파는 채 썬다.

3 ②에 굵은소금을 뿌려 절인다.

4 냄비에 물 1ℓ와 밀가루를 넣어 고루 섞는다. 나무주걱으로 저어가며 중간 불로 말갛게 끓인다.

5 배는 즙을 낸다.

6 볼에 준비한 재료를 모두 넣어 버무려 김치통에 담아 실온에 하루 정도 두었다가 냉장 보관한다. 단, 김치 보관법은 그날 온도에 따라 조금씩 달라질 수 있다.

돌나물 이야기

돌나물은 칼슘과 비타민이 풍부하여 성장기 아이들에게 도움이 되는 채소로 알려져 있다. 예로부터 아이들이 있는 집에서는 상처가 생기면 돌나물을 빻아서 발라 주기도 했다.

5일에서 45일 정도 맛있게 먹을 수 있다.

나박 백물김치

고춧가루를 넣지 않고 담가서 아이들이나 매운맛을 싫어하는 분들에게 잘 어울리는 여름 김치다. 또 파프리카의 색감이 입맛을 돋운다.

어린이 김치 추천

노고추 음식공방의 비법
물김치 국물을 만들 때 감자 1개를 삶아서 생수와 함께 믹서에 갈아 사용해도 좋다. 또는 밀가루풀물을 넣어도 된다.

담그는 법

20인분

주재료
무 1개(1kg)
미니 파프리카 4개
양파 1개
쪽파 100g
배(큰 것) 1개
굵은소금(천일염) 3큰술

보리 삶은 물 재료
물 1.5ℓ
보리쌀 30g

양념 재료
마늘 40g
생강 15g

1 무, 미니 파프리카, 양파는 나박하게 썰고, 쪽파는 2cm 길이로 썬 다음 굵은소금을 뿌려 30분 정도 절인다.

2 보리쌀은 깨끗이 씻어 냄비에 물 1.5ℓ와 함께 넣고 끓인다. 팔팔 끓으면 불을 끄고 식혀 물 1ℓ를 준비한다.

3 채소에 보리 삶은 물을 붓는다. 이때 보리쌀은 넣지 않고 국물만 넣는다.

4 배는 즙을 낸다. 마늘과 생강은 믹서에 갈아 준비한다.

5 배즙, 마늘과 생강즙을 채소에 넣어 섞는다. 김치통에 담아 실온에서 하루 정도 익혀 냉장 보관한다.

5일에서 45일 정도 맛있게 먹을 수 있다.

비트 잎 물김치

어느 해 텃밭 한구석이 비어 생각 없이 비트 모종을 파종하였더니 정말 잘 자랐다. 여러 해 비트 잎을 이용하여 물김치를 많이 담갔는데 올해에는 산중에 사는 고라니가 내려와 비트 잎을 모두 먹어버려 한 단지만 겨우 담글 수 있었다.

노고추 음식공방의 비법

비트는 흔히 색을 내기 위해 뿌리만 요리 재료로 많이 사용하지만 잎 또한 붉은색이 난다. 비트 잎으로 물김치를 담그면 고춧가루를 넣지 않아도 2~3일이면 붉은색이 먹음직스럽게 잘 우러난다. 고춧가루를 넣지 않아 맵지 않기 때문에 아이들이 먹기에도 좋다.

담그는 법

20인분

주재료
비트 1kg
양파 1개
쪽파 50g

절임물 재료
물 2ℓ
굵은소금 1컵

밀가루풀물 재료
물 1ℓ
밀가루 1큰술

양념 재료
다진 마늘 2큰술
다진 생강 1/2큰술
초피액젓 3큰술
매실청 3큰술
고운 소금 2큰술

대체 식재료
초피액젓 ▶ 멸치액젓, 까나리액젓
매실청 ▶ 배

1 비트 잎은 어린 것으로 준비한다. 잎이 크면 먹기 좋게 4~5cm 길이로 잘라 흐르는 물에 씻어 절임물(물 2ℓ, 굵은소금 1컵)에 30분 정도 절여 물에 헹군다.

2 밀가루풀물을 쑤어 식힌다.

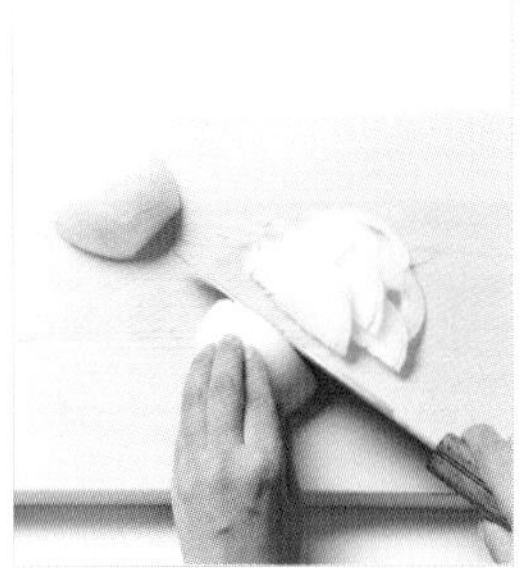

3 양파는 채 썰고 쪽파는 2~3cm 길이로 썬다.

4 큰 그릇에 밀가루풀물을 담고 양파, 쪽파, 다진 마늘, 다진 생강, 초피액젓, 매실청, 고운 소금을 넣어 섞는다.

5 양념에 비트 잎을 넣어 가볍게 조물조물 버무려 김치통에 담고 7~8시간 정도 실온에서 익혀 냉장 보관한다.

비트 잎 이야기

비트는 유럽 남부가 원산지인 채소로 뿌리가 둥글다 하여 '근공채'라고도 불린다. 비트는 가정에서 화분에 키워도 잘 자라며 쌈채소로 살짝 쪄 먹어도 맛있다.

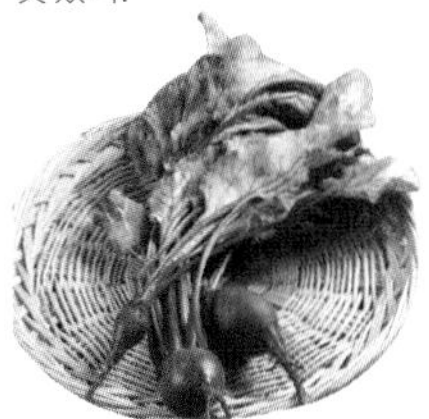

냉장 보관하면 20일 정도 맛있게 먹을 수 있다.

파프리카 오미자 물김치

파프리카 오미자 물김치는 담가서 바로 먹을 수 있고 맵지 않아서 아이들뿐 아니라 매운 음식을 먹지 못하는 환자나 외국인들에게도 좋은 김치다. 채소를 싫어하는 아이들도 색이 예뻐서 잘 먹는다. 칼칼한 맛을 원할 때는 청양고추를 썰어 넣으면 좋다.

노고추 음식공방의 비법

파프리카 오미자 물김치는 담가서 바로 냉장 보관한다. 밤을 납작하게 썰거나 채 썰어 넣어도 맛있다.

담그는 법

20인분

주재료
대추 5개
빨강 파프리카 1개
노랑 파프리카 1개
초록 파프리카 1개
배 1/2개

밀가루풀물 재료
물 1ℓ
밀가루 1큰술

양념 재료
다진 생강 2큰술
초피액젓 5큰술
고운 소금 1큰술
오미자청 1컵

대체 식재료
초피액젓 ▶ 소금
오미자청 ▶ 오미자 우린 물 +매실청

파프리카 이야기

파프리카는 중앙아메리카가 원산지이다. 피망과 비슷하여 혼동되는데 일반적으로 피망은 매운맛이 나고 육질이 질기고 파프리카는 단맛이 많고 아삭아삭하게 씹힌다. 우리나라에서도 1년 내내 재배되는데 주로 시설 재배로 수확한다. 빨강 파프리카는 베타카로틴이 많이 들어 있어 면역력을 강화시키고 주홍 파프리카는 비타민이 풍부하여 피부의 노화 예방과 눈에 좋다. 초록 파프리카는 칼슘과 철분이 많아 빈혈 예방에 좋으며 노랑 파프리카는 피부 미용과 감기 예빙에 좋다. 파프리카는 표면에 상처가 없고 윤기가 나며 꼭지가 마르지 않은 것을 선택한다.

1 밀가루풀물을 쑤어 식힌다.

2 대추는 젖은 면포나 키친 타월에 얹어 깨끗이 닦은 다음 씨를 빼낸다.

3 대추는 곱게 채 썰고 파프리카는 물에 씻어 씨를 빼내고 가로, 세로 2cm 크기로 깍둑 썰고 배는 껍질을 벗겨 납작하게 썬다.

4 큰 그릇에 풀물을 담고 파프리카, 대추, 배, 다진 생강, 초피액젓, 고운 소금, 오미자청을 넣고 섞어 김치통에 담아 냉장 보관한다.

냉장 보관하면 열흘 정도 맛있게 먹을 수 있다.

쇠비름 물김치

쇠비름은 다섯 가지 색을 갖고 있어 '오행초'라고 불린다. 제초제를 사용하지 않고 텃밭을 가꾸다 보니 심지 않아도 밭고랑마다 무성하게 쇠비름이 올라온다. 쇠비름을 생으로 먹어보니 새콤한 맛이 있어 물김치로 담가보았다. 아삭한 식감과 더불어 새콤한 맛이 나 다른 재료를 사용한 물김치보다 그 맛이 으뜸이다.

노고추 음식공방의 비법

쇠비름으로 김치를 담가보았더니 줄기에서 진액이 너무 많이 나와 먹기 힘들었다.
쇠비름을 쪄서 무쳐 먹을 때는 물에 데치는 것보다 쪄야 진액이 덜 나와 요리하기 좋다.

담그는 법

20인분

주재료
쇠비름 1kg
양파 1개
쪽파 50g
홍고추 3개
배 1개

절임물 재료
물 1ℓ
굵은소금 1/2컵

보릿가루풀물 재료
물 1ℓ
보릿가루 2큰술

양념 재료
고춧가루 2큰술
다진 마늘 2큰술
다진 생강 1/2큰술
초피액젓 2큰술
고운 소금 2큰술

대체 식재료
초피액젓 ▶ 멸치액젓, 까나리액젓
보릿가루 ▶ 밀가루

쇠비름 이야기

산과 들에서 쉽게 볼 수 있는 쇠비름은 그냥 먹으면 토끼와 돼지도 먹지 않을 정도로 맛이 없는 잡초로 푸대접을 받아 왔다. 맛은 없지만 쇠비름을 꾸준히 먹으면 오래 산다고 하여 '장명채(長命菜)'라고도 불리는데 최근에는 건강 풀로 주목을 받고 있다.

1 쇠비름은 줄기를 꺾어 다듬는다.

2 큰 그릇에 물 1ℓ를 넣고 굵은소금 1/2컵을 넣어 녹인다.

3 절임물에 쇠비름을 넣어 1시간 정도 절여 물에 씻어 체에 밭쳐 물기를 뺀다.

4 보릿가루풀물을 쑤어 식힌다.

5 양파는 곱게 채 썰고 쪽파는 3~4cm 길이로 썰고 홍고추는 어슷하게 썬다.

6 큰 그릇에 풀물을 담고 고춧가루를 체에 푼다.

7 풀물에 다진 마늘, 다진 생강, 초피액젓, 고운 소금을 넣어 섞는다.

8 양념에 쇠비름, 양파, 쪽파, 홍고추를 넣어 섞는다.

9 배는 곱게 갈아 베주머니에 넣어 즙을 내서 김치통에 담고 실온에서 10시간 정도 익혀 냉장 보관한다.

냉장 보관하면 한 달 정도 맛있게 먹을 수 있다.

가지
김치

가지김치는 담가서 바로 먹을 수 있는 즉석 김치다.
가지는 수분이 많아서 소금에 절여서 물기를 뺀
다음 김치를 담가야 한다. 오래 보관할 수 없으니
조금씩 담가서 가능한 한 빨리 먹는다.

노고추 음식공방의 비법
가지를 길이로 반 잘라 칼집을 넣어 비늘김치처럼
칼집 사이사이에 김치 소를 넣어 담그면 색감도 살고 맛도 좋다.

담그는 법

10인분

주재료
가지 5개
당근 1/4개
부추 100g

절임물 재료
물 1컵
굵은소금 3큰술

찹쌀풀 재료
맛국물 1컵
찹쌀가루 3큰술
들깨가루 2큰술

양념 재료
고춧가루 5큰술
다진 마늘 1큰술
다진 생강 1/4큰술
초피액젓 3큰술

대체 식재료
초피액젓 ▶ 멸치액젓, 까나리액젓, 새우젓

1 가지는 진보라색이 나는 것으로 골라 4~5cm 길이로 자른다.

2 가지를 절임물(물 1컵, 굵은소금 3큰술)에 1시간 정도 절인다. 물에 2번 정도 헹궈 체에 밭쳐 물기를 뺀다.

3 찹쌀풀을 쑤어 식힌다.

4 절인 가지를 4등분한다.

5 당근과 부추는 잘게 썬다.

6 큰 그릇에 가지, 당근, 부추를 담고 찹쌀풀, 다진 마늘, 다진 생강, 초피액젓을 넣어 버무린다. 김치통에 담아 냉장 보관한다.

냉장 보관하면 10일 정도 맛있게 먹을 수 있다.

가지 이야기
가지는 흠이 없고 보라색이 선명한 것이 좋다. 색이 흐린 가지는 질기므로 김치를 담그기에 적합하지 않다.

쑥갓 김치

금방 버무려 먹을 수 있는 쑥갓김치는 은은하면서
산뜻한 쑥갓 향이 여름철 입맛을 살리는 데 좋다.
익으면 향이 점점 사라지므로 빨리 먹는 것이 좋다.

노고추 음식공방의 비법
쑥갓은 꽃대가 올라오면 줄기가 질겨지므로 김치를 담그기에 적합하지 않다.

담그는 법

20인분

주재료
쑥갓 800g
당근 1/2개
쪽파 100g

절임물 재료
물 2컵
굵은소금 1/2컵

찹쌀풀 재료
맛국물 1컵
찹쌀가루 4큰술

양념 재료
고춧가루 3큰술
다진 마늘 1큰술
다진 생강 1/4큰술
통깨 2큰술
초피액젓 5큰술

대체 식재료
초피액젓 ▶ 멸치액젓, 까나리액젓

1 맛국물을 넣고 찹쌀풀을 쑤어 식힌다.

2 쑥갓은 뿌리를 자르고 손으로 줄기를 꺾어 4~5cm 길이로 다듬는다.

3 쑥갓을 씻어 절임물(물 2컵, 굵은소금 1/2컵)에 20분 정도 절여 물에 두 번 정도 헹궈 체에 밭쳐 물기를 뺀다.

4 당근은 곱게 채 썰고 쪽파는 2~3cm 길이로 썬다.

5 큰 그릇에 찹쌀풀, 당근, 쪽파를 넣고 고춧가루, 다진 마늘, 다진 생강, 통깨, 초피액젓을 넣어 섞는다.

6 양념에 쑥갓을 넣어 살살 버무려 김치통에 담아 냉장 보관한다.

쑥갓 이야기

지중해가 원산지인 쑥갓은 조선시대에 중국을 거쳐 전해졌다고 한다. 위를 따뜻하게 하고 장을 튼튼하게 하는 채소로 애용되어 왔지만 특유의 향이 있어 먹지 않는 이도 있다. 신선한 상태로 날로 먹는 것이 가장 좋다고 한다.

냉장 보관하면 15일 정도 맛있게 먹을 수 있다.

보쌈 김치

집에 손님이 오거나 행사가 있을 때 상차림에 적합한 김치이다. 크게 포기로 담는 것보다 한 장 한 장 김치를 싸면 먹기에도 편하고 버릴 것이 없다. 달콤하며 아삭해서 샐러드처럼 먹을 수 있다.

노고추 음식공방의 비법
보쌈김치는 담근 즉시 냉장 보관한다.

담그는 법

20인분

주재료
배추 겉잎 20장
무 1/4개
밤 20개
대추 10개
배 1개
쪽파 50g

절임물 재료
물 1ℓ
굵은소금 5큰술

양념 재료
고운 고춧가루 1큰술
다진 마늘 1큰술
다진 생강 1/4큰술
새우젓 1큰술
초피액젓 1큰술
잣 2큰술

대체 식재료
초피액젓 ▶ 멸치액젓, 까나리액젓

1 배추 한 포기를 준비하여 겉잎만 20장 정도 떼어내어 절임물(물 1ℓ, 굵은소금 5큰술)에 뒤집어 가며 4시간 정도 절인다.

2 배추 겉잎을 물에 헹구어 소쿠리나 체에 밭쳐 물기를 뺀다.

3 무, 밤, 대추, 배는 곱게 채 썰고 쪽파는 0.7cm 길이로 잘게 썬다.

4 큰 그릇에 무, 밤, 대추, 배, 쪽파를 담고 양념 재료인 고운 고춧가루, 다진 마늘, 다진 생강, 새우젓, 초피액젓, 잣을 넣어 섞는다.

5 배추 겉잎에 소를 적당히 올리고 돌돌 말아 김치통에 담아 냉장 보관하였다가 먹기 직전에 2~3cm 길이로 썬다.

보쌈김치 이야기

보쌈김치는 낙지, 전복, 조개류 등의 다양한 재료와 밤, 대추, 과일 등을 넣어 배춧잎을 사방으로 펴 보자기 싸듯이 만든 것인데 배추 한 잎 한 잎 소를 넣어 돌돌 말아서 먹기 편하게 만들었다.

냉장 보관하면 10일 정도 맛있게 먹을 수 있다.

찾아보기

★ 가나다순

★ 어린이 김치

어린이뿐만 아니라 매운 음식을 먹지 못하는 이들에게 추천하는 김치입니다.

노고추 음식공방의

김치 수업

초판 1쇄 | 2021년 10월 11일
초판 2쇄 | 2021년 11월 8일

글과 요리 | 배명자

발행인 | 유철상
기획 · 책임편집 · 푸드 스타일링 | 조경자
사진 | 황승희
디자인 | 주인지, 조연경, 노세희
마케팅 | 조종삼, 윤소담
콘텐츠 | 강한나

펴낸 곳 | 상상출판
출판등록 | 2009년 9월 22일(제305-2010-02호)
주소 | 서울특별시 성동구 뚝섬로17가길 48, 성수에이원센터 1205호(성수동2가)
전화 | 02-963-9891
팩스 | 02-963-9892
전자우편 | sangsang9892@gmail.com
홈페이지 | www.esangsang.co.kr
블로그 | blog.naver.com/sangsang_pub
인쇄 | 다라니
종이 | ㈜월드페이퍼

ISBN 979-11-6782-031-0(13590)